U0080498

瑞昇文化

C O N T E N T S

有關材料
- 標示「砂糖」時，基本上使用一般砂糖或細砂都可以。但若標示「糖粉」或「細砂」時，請一定要使用指定的種類。
- 明膠粉需預先用指定份量的水(原則上是5倍量的水)泡軟。採用微波爐溶解時，則只要加熱到成為液體即可。因沸騰後將不易凝固，務必避免溫度過高。利用隔水加熱方式也可以。
- 雞蛋是使用M大小。基準是蛋黃20g、蛋白30g。
- 鮮奶油請使用動物性乳脂肪份35％或36％的種類。至於裝飾用的「鮮奶油」，是指以無糖狀態打發起泡到可以擠花的硬度。

有關工具
- 鋼盆、打蛋器請配合製作量使用。因份量少卻使用大器具時，可能無法打發起泡。
- 烤箱要預先加熱到指定的溫度。
- 烤的時間、溫度會因家庭烤箱的種類而有些差異，請自行調節。

有關工具的價格
- 書中介紹的材料和工具，價格會因廠商的不同而有變動，購買前記得先詢問廠商或店鋪。

有關ABC
- 標示在糕點頁左上方的「ABC」是指作法的難易度。難度依A→B→C的順序越來越高。

從今天開始，你將也是個「法國糕點師」！

我原本只是個居家的「糕點製作嗜好者」，後來因某個機緣決定到糕點屋當學徒，結果持續從事法國糕點工作近10年。

在糕點屋製作糕點，必須做到準確、精密，其心態和嗜好者迥然不同。話雖如此，那段期間我仍對製作糕點充滿興趣，連假日都還擁有「糕點製作嗜好者」的熱誠。

經歷3家店的磨練，從基礎到高階我學到了許許多多的高明技巧，奠定了我現今製作糕點的基礎。

研習法國糕點告一段落後，原本想自己創立一番事業的我，決定開辦糕點教室。因為只有教室才能把糕點以最佳狀態和大家分享，同時能體會剛出爐的香氣和傳授製作的樂趣，而這正符合我的夢想。

正式開始實行後，更驚訝地發現大家的感受竟都和我一樣。「只是塗上鏡面果膠就變得如此綺麗！和糕點屋的一模一樣耶！」「經過巧克力裝飾後，感覺完全不同了！」

這些技巧對曾從事法國糕點工作的我來說，都是極為普通，甚至是理所當然的。然而我還是學生時，也會邊看著糕點屋裡的蛋糕，邊歪著頭疑惑地想著「這模樣是怎麼做出來的？」

已經是糕點製作高手的你，是否覺得想再升級，接近法國糕點師的行列是非常困難的呢？

當然，風味是糕點的重點。但任何簡樸的糕點，若能添加一些裝飾也能促使成品升級好幾倍。

這個時代已可從糕點製作材料店或網路商店購買到少量包裝的材料。所以為何不好好利用這個機會呢？簡單應用專業技巧，任誰都能在家烘焙可媲美法國糕點師水準的糕點。

本書是以裝飾的材料來分類。配方是使用家庭容易購得的材料，並介紹能在保存期限吃完的份量，因此確信各位都能輕鬆地享受製作糕點的樂趣。

同時，也期盼各位把本書當作參考，朝著獨創性糕點挑戰！從今天起，就加入「法國糕點師」的行列吧！

1

成品閃閃發光的秘密在這裡！

鏡面果膠

Nappage

用途

塗一層在慕斯或奶凍表面，可以防止乾燥、增添光澤用。同時，透明的鏡面果膠中還可添加果醬、果汁來著色，做成適合糕點的顏色和氣味。

原本就是柔軟的膠質狀態，所以無須加熱、加水就可直接塗抹或擠花，十分便利。可說是完成蛋糕所不可或缺的裝飾素材。

原料

除了水分外，還含有少量的糖份和凝固劑。幾乎無味無臭，故毫不影響糕點的風味。

保存

會因廠商而異，但以冷藏1個月為基準。冷凍可保存2個月。分小份裝在密閉容器，使用更方便。

注意事項

務必確認要有不用加熱、加水的標示。

混色的高明技巧

以透明狀態直接使用

要直接展露基台的慕斯顏色，或者水果的顏色時，就以透明狀態使用。

製作大理石圖案時，可用透明的鏡面果膠當底層，再用著色的鏡面果膠畫圖案。

用即溶咖啡調色

把粉末狀的即溶咖啡以少量的熱水溶解，然後加到鏡面果膠中混合成茶色。咖啡的量依喜歡的濃度調節。但熱水越少越好！只要能讓即溶咖啡溶解的水量就夠了。因為水分過多，鏡面果膠的顏色會變淡且變得太軟。

即溶咖啡以粉末狀的比顆粒狀的更容易溶解、好用。

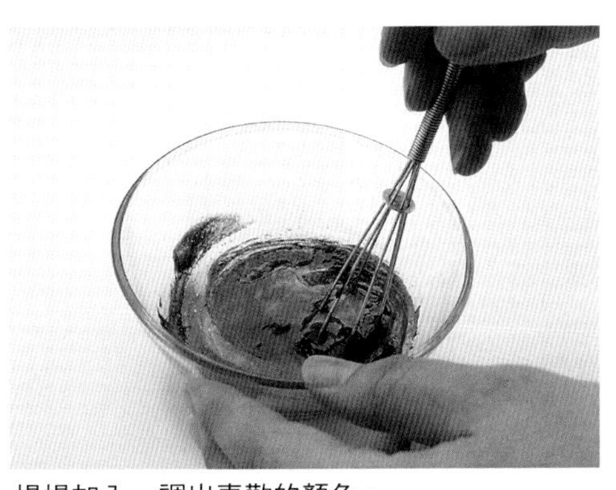

慢慢加入，調出喜歡的顏色。

篩入可可粉

輕輕搖晃濾茶網，將可可粉篩入糕點表面，再用抹刀從其上方塗抹鏡面果膠。藉由抹刀的塗抹程度來延伸可可粉，產生斑剝的花樣。

但可可粉若堆積太厚，會整個被抹刀推開而無法加以延伸，所以並非全面性，而是在幾個地方輕輕地篩入，才能變化出不同的圖案。

以重點配置方式篩入，
讓圖案產生變化。

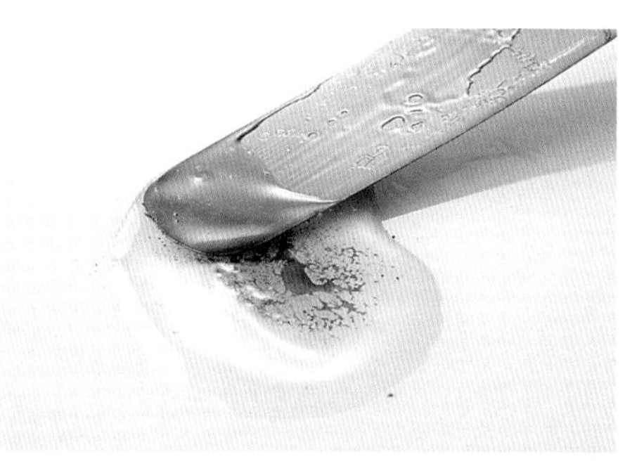

如果可可粉整個被抹刀推開時，
要再輕輕塗抹幾次。

混合紅色果醬

紅色可使用色澤明確的覆盆子果醬來調色。在透明鏡面果膠中加入等量的覆盆子果醬攪拌，再經濾茶網壓擠過濾。若要調製淺粉紅色時，則適度減少果醬用量。

方便起見，我是使用已經壓擠過濾過的果醬種類，不過我會再次經過壓擠過濾，去除微細的果肉，等成為相當滑潤的美麗狀態才使用。

使用已經壓擠過濾過的果肉少種類
較方便。

充分攪拌混合後，進行壓擠過濾就
更容易了。

使用小型橡皮刮刀作業較方便。

調色的變化

和紅色鏡面果膠一樣，在透明的鏡面果膠中混合各種素材，然後壓擠過濾即成。

混合透明鏡面果膠3成重量的黑醋栗果汁，然後壓擠過濾即成紫色。混合等量的黑醋栗果醬或藍莓果醬製作也有同樣效果。

混合透明鏡面果膠2成重量的開心果泥，然後壓擠過濾即成綠色。開心果泥的顏色會因廠商而異，所以請自行調節。

加入等量的芒果果醬混合即成黃色的鏡面果膠。混合杏子果醬即成橙色的鏡面果膠。

也有加熱用的鏡面果膠

一樣是無色透明，但這是較結實果凍狀的鏡面果膠。

要添加指定份量的水，加熱溶解後使用。因塗抹後會迅速凝固，所以即使水果等食材分泌水分也不會潮濕。

但是由於需要加熱使用，所以不適合用來裝飾慕斯等冷凍糕點。而本書介紹的裝飾技巧僅限於無需加熱、加水的鏡面果膠。其他還有添加杏子的加熱型鏡面果膠，主要用途是在增加烤製糕點的光澤。

使用鏡面果膠的高明技巧

進行沾裹

所謂「進行沾裹」是指用抹刀把鏡面果膠塗抹在基台製作塗層的作業。

將適量的鏡面果膠倒入糕點上面，再用抹刀以輕輕壓擠的方式，一口氣進行塗抹。若只要沾裹上面時，以裝在模具的狀態進行為宜。多餘的鏡面果膠可從模具邊緣切斷，之後再拆模，那麼邊際部分就能整潔美麗。

另外，若反覆塗抹多次容易造成厚薄不均，所以要訣是要一氣呵成地抹開。

1

倒入適量的鏡面果膠。因多餘的量之後可以切斷，所以尚未熟悉作業前可多倒入一些。

2

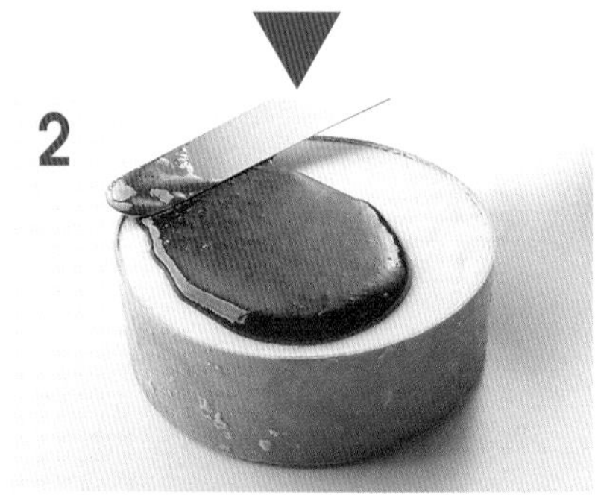

利用抹刀全面一口氣抹開鏡面果膠。力量儘量一致，抹出相同的厚度。

3

在空心模的邊緣切斷，但儘量減少切斷次數，均勻度會更佳。

失敗

只用抹刀的前端反覆塗抹，所以無法塗抹平整。

使用雙色的鏡面果膠描繪圖案

首先用深色的鏡面果膠在慕斯或奶凍表面塗抹出喜歡的圖案。接著用透明或不同顏色的鏡面果膠進行沾裹，即可變化出種種圖案。

進行沾裹的力量若太強，底層的圖案會變成大理石紋一般，所以別加力量，以輕輕抹過的程度進行沾裹，才能清晰保留底層的圖案。

然後把基台冷凍，讓圖案不會流動，就容易將圖案確實定型。等圖案定型後，才拆模。

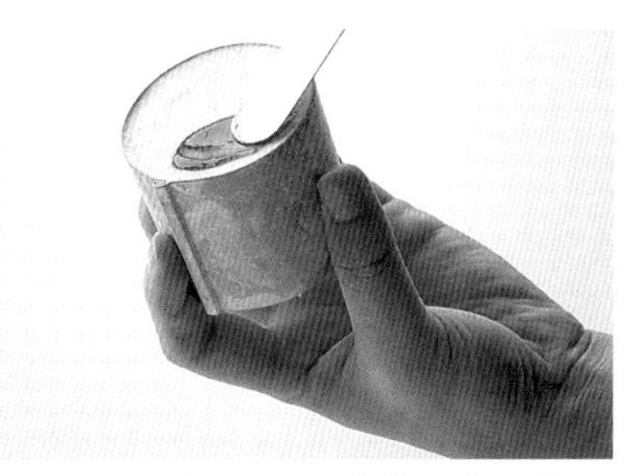

為使深色的鏡面果膠稍微厚些，像置放般進行著色。

以塗抹的程度來改變圖案。

製作大理石圖案

首先用透明的鏡面果膠在慕斯或奶凍表面進行沾裹。接著用少量熱水溶解的即溶咖啡，從上面滴落在幾個地方。

藉由著色方法和塗抹方法完成喜歡的圖案。用其他顏色的鏡面果膠來畫大理石紋也很漂亮。

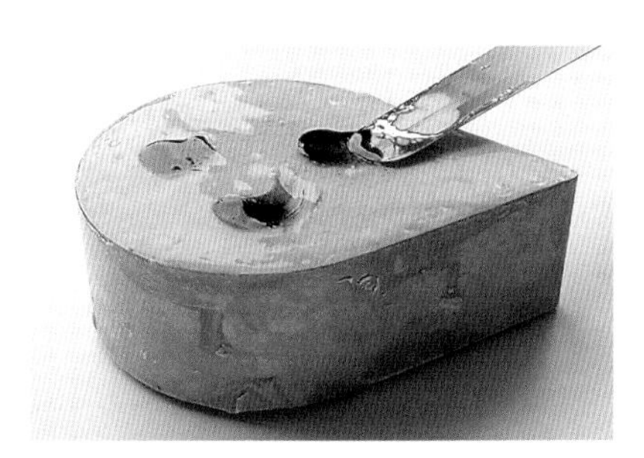

重點式地置放在透明的鏡面果膠上，進行著色。

用抹刀前端製作圖案。像畫畫一般創作喜歡的圖案。

描繪深色的大理石圖案

在第9頁的大理石圖案中添加可可粉，就能產生更深色的大理石。

首先用濾茶網把可可粉篩入幾個地方，接著用透明鏡面果膠從上進行沾裹(參照P6)，再用少量熱水溶解的即溶咖啡滴落幾個地方。最後用抹刀輕輕抹出大理石圖案。

篩入可可粉的大理石圖案，和只用即溶咖啡液製作的大理石圖案，格調截然不同。

首先用可可粉畫圖案。

加重色彩做成大人風味的典雅裝飾。

擠出水珠圖案

在裝飾糖粉(參照P24)的上面擠入鏡面果膠後，即會形成晶瑩剔透的水珠。

把適量的鏡面果膠裝入拋棄式的擠花袋中，剪個小洞方便擠出。靠擠出的鏡面果膠顏色和大小來產生變化。

篩入時要均勻，以免厚薄不一。

閃閃發亮的水珠，十分漂亮！
但傾斜即會滾落下來！

在水果上增加光澤

使用鏡面果膠為水果表面增加光澤時，就如擠出水珠一般從上擠出細條狀。以鋸齒狀擠滿全面後，接著用毛刷從上輕刷，即能完成綺麗的塗層。

若是切開成平面或大面積的水果，一開始就用毛刷塗抹也可以。

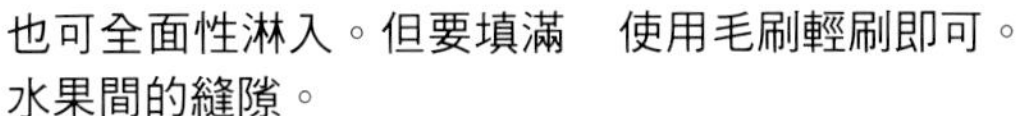

也可全面性淋入。但要填滿水果間的縫隙。　使用毛刷輕刷即可。

淋上製作塗層

像拱狀慕斯等需要全面加以塗層時，可把鏡面果膠直接淋入。

從模具中取出冷凍糕點，放在蛋糕架上。另在蛋糕架下方置放盤子或容器當作托盤。然後以繞圈方式一口氣淋入多量，接著輕扣和搖晃蛋糕架，讓多餘的鏡面果膠滴落到托盤上。

用抹刀插入糕點下方，移到碟子或金色托盤。至於滴落的多餘鏡面果膠和切掉的糕點殘片等，一併收集再次利用。

拆模後的糕點，從冷凍庫拿出後，會隨著時間經過產生結霜現象，若在此狀態淋入鏡面果膠會隨即流落，所以製作塗層時，應邊拿出適量邊作業。

不要一點一點地淋入，應迅速的從周圍淋入。

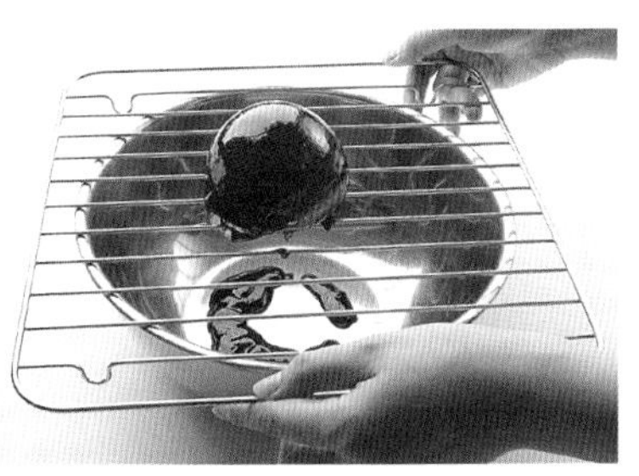

讓多餘的鏡面果膠充分滴落到托盤。而附著在邊緣的鏡面果膠，則在移到金色托盤時，用抹刀輕輕抹掉。

失敗

若多餘的鏡面果膠沒有完全滴落，之後將會慢慢積存在底層。

材料（底徑7cm的矽膠製鑽石山模4個份）

杏仁海綿蛋糕

- 全蛋 …… 35g
- 糖粉 …… 25g
- 杏仁粉 …… 25g
- 蛋白 …… 50g
- 砂糖 …… 30g
- 低筋麵粉 …… 22g

櫻桃果醬

- 深色櫻桃糖漿(罐頭) …… 40g
- 檸檬汁 …… 5g
- 明膠粉 …… 1g
- 水 …… 5g
- 櫻桃利口酒 …… 5g
- 深色櫻桃(罐頭，瀝乾水分) …… 8粒

櫻桃慕斯

- 牛奶 …… 70g
- 鹽漬櫻花(洗清泡水2小時去鹽分) …… 5朵
- 白色巧克力 …… 50g
- 明膠粉 …… 3g
- 水 …… 15g
- 櫻桃利口酒 …… 10g
- 鮮奶油(結實打發起泡) …… 80g

裝飾

- 鏡面果膠 …… 適量
- 櫻桃果醬(使用上記剩餘的) …… 適量
- 鹽漬櫻花(同上記去除鹽分) …… 4朵
- 裝飾用巧克力(翼，參照P78)、金箔 …… 各適量

作法

1. 參照94頁製作杏仁海綿蛋糕麵糊。
2. 把麵糊鋪在烤箱紙上，用抹刀抹開成20×24cm、5mm厚，然後連同烤箱紙擺在烤盤上，放進210度的烤箱烤約7~8分鐘。
3. 烤好後，從烤盤取出，上面覆蓋烤箱紙防範乾燥下放涼。然後用直徑5.5cm、4cm的圓形模各做4片。
4. 製作櫻桃果醬。深色櫻桃糖漿和檸檬汁混合，然後邊加入用水泡軟後再微波溶解的明膠邊攪拌均勻。另外將櫻桃利口酒和深色櫻桃混合，放進冷藏庫冰涼備用。
5. 製作櫻花慕斯。在牛奶中加入去鹽分的櫻花，再直接靜置約15分鐘吸收香氣。
6. 拿掉櫻花，再次加熱。把切碎的白色巧克力分2~3次加入，攪拌到滑潤狀。接著再加入用水泡軟後再微波溶解的明膠。
7. 容器墊著冰塊，用橡皮刮刀攪拌成濃稠狀。再加入櫻花利口酒和結實打發起泡的鮮奶油，用打蛋器混合均勻。
8. 把櫻花慕斯倒入矽膠模到6分滿，然後用湯匙背部以摩擦側面方式抹高到邊緣，使正中央形成凹陷狀。凹陷處擺放用4cm圓形模壓出的杏仁海綿蛋糕。
9. 分別放入櫻桃果醬和2粒深色櫻桃。櫻桃果醬是先取出少量裝飾用，其餘分4等份使用。
10. 接著倒入剩餘的慕斯，覆蓋住蛋糕，再用5.5cm圓形模壓出的杏仁海綿蛋糕。
11. 冷凍，確實凝固。
12. 翻開模具取出慕斯(**圖1**)，淋入鏡面果膠製作塗層(**圖2**)。
13. 擺放塗抹鏡面果膠的櫻花，再用抹刀散落塗抹少量的櫻桃果醬著色(**圖3**)。最後點綴裝飾用巧克力、金箔。

矽膠製的鑽石山模。
也可用在烤製糕點上。

1

冷凍凝固後才可以翻開模具取出。若只是冷藏則無法順利脫模。

2

一結霜就很難作業，所以不熟悉時，一次邊從冷凍庫拿出1~2個邊作業。

3

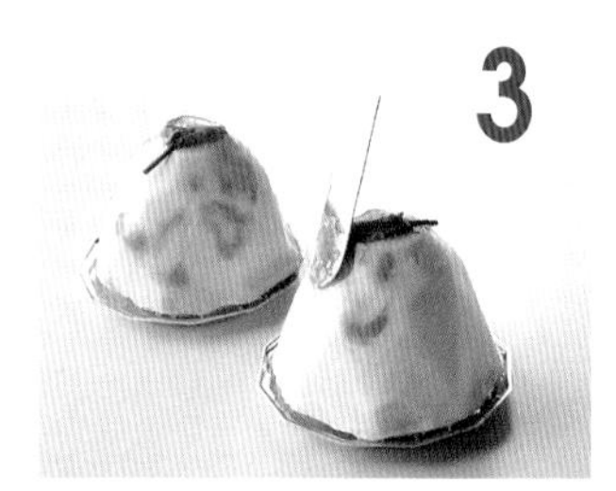

以重點的方式，約置放在3處著色。

A 難易度

使用透明的鏡面果膠塗層

櫻山 Sakurayama

在白色巧克力慕斯上添加了櫻桃利口酒的香氣，
裡面還隱藏著巧克力。
然後以淡雅的櫻花粉紅色呈現。

材料（長徑19cm的5號淚滴模1個份）

法式拇指餅乾(biscuit cuiller)

- 蛋白 …… 1個
- 砂糖 …… 30g
- 蛋黃 …… 1個
- 低筋麵粉 …… 30g

紅茶(細的伯爵紅茶) …… 適量

裝飾用糖粉 …… 適量

檸檬克林姆

- 磨碎的檸檬皮、檸檬汁 …… 各1/2個份
- 全蛋 …… 1個
- 砂糖 …… 40g
- 無鹽奶油 …… 20g

紅茶奶凍

- 紅茶(伯爵紅茶) …… 6g
- 水 …… 30g
- 牛奶 …… 130g
- 蛋黃 …… 1個
- 砂糖 …… 40g
- 明膠粉 …… 5g
- 水 …… 25g
- 香草精 …… 適量
- 紅茶利口酒 …… 7g
- 鮮奶油(結實打發起泡) …… 100g

檸檬慕斯

- 檸檬克林姆 …… 50g
- 明膠粉 …… 2g
- 水 …… 10g
- 鮮奶油(結實打發起泡) …… 50g

裝飾

- 鏡面果膠 …… 適量
- 即溶咖啡 …… 適量
- 裝飾用巧克力(三叉，參照P77)、檸檬片、香葉芹 …… 各適量

作法

1 參照94頁法式拇指餅乾麵糊的製作。

2 裝入套8㎜圓形擠花嘴的擠花袋中，在薄紙上擠出側面用的6.5cm×26cm帶狀。然後擠出比模具小1號的底用麵糊。預先用鉛筆在薄紙上畫圖形較容易擠花。並於側面用麵糊上全面撒紅茶葉。

3 放進190度的烤箱烤10分鐘。

4 裁剪側面用帶子2條，各為3cm寬(**圖1**、**2**)。全面再用濾茶網輕輕篩入裝飾用糖粉。側面用帶子是以烤面貼著模具鋪上，底用餅乾是烤面朝上鋪好(**圖3**)。

5 檸檬克林姆。奶油以外的材料放入容器，邊隔水加熱，邊用打蛋器攪拌成濃稠狀。成為滑順的克林姆狀時離火，加無鹽奶油混合。

6 保留慕斯用的50g，放涼備用。其餘放進冷藏庫冰涼。

7 製作紅茶奶凍。水和紅茶煮開，加入牛奶煮沸後燜一下。過濾只用淨重100g的液體。若不足則添加牛奶補到100g。

8 參照94頁製作奶凍的是安格列茲醬在此不需用牛奶，而是改用**7**的液體製作。

9 放涼變濃稠之後，再加入香草精、紅茶利口酒和鮮奶油，用打蛋器攪拌均勻。

10 在鋪餅乾的模具中，平整地倒入紅茶奶凍。

11 把放涼的檸檬克林姆裝入套8㎜圓形擠花嘴的擠花袋中。擠花嘴輕輕埋入紅茶奶凍中，直接擠出1圈。留些間隔，同法再擠入1圈。成為從紅茶奶凍的上部掩埋檸檬克林姆的狀態(**圖4**)。

12 放進冷藏庫冰到表面凝固為止。

13 製作檸檬慕斯。在50g的檸檬克林姆中加入用水泡軟，又經微波溶解的明膠，再混合結實打發起泡的鮮奶油。

14 從上倒入**12**的模具，再用抹刀整平後，放進冷藏庫冰涼、凝固。

15 上面沾裹鏡面果膠以及用少量熱水溶解的即溶咖啡(**圖5**)。

16 點綴裝飾用巧克力、檸檬片、香葉芹。

烤好的餅乾。

側邊的餅乾切長一點，放入角落的前端以斜切是重點。

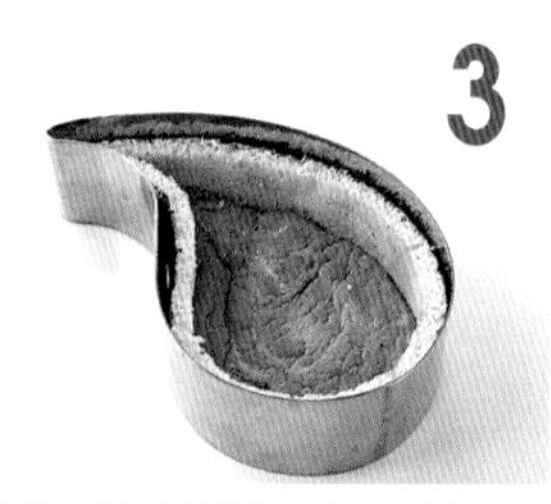

用能剛好緊緊塞入的模具，成品更綺麗。

以剛出爐切開時，克林姆會從幾處流出的狀態最佳。

色彩淡薄更顯漂亮。

利用沾裹來描繪大理石紋

多倫 Turun

這是在想像使用檸檬茶可做出什麼糕點的靈感下所誕生的套餐甜點。
在紅茶和檸檬慕斯之間，擠入有效發揮酸味的檸檬克林姆。

材料 (底徑7cm的拱形模4個份)

杏仁海綿蛋糕

- 全蛋 …… 35g
- 糖粉 …… 25g
- 杏仁粉 …… 25g
- 蛋白 …… 50g
- 砂糖 …… 30g
- 低筋麵粉 …… 22g

糖漬蔓越莓

- 冷凍蔓越莓 …… 100g
- 砂糖 …… 20g
- 蜂蜜 …… 25g
- 水 …… 100g

蔓越莓果醬

- 糖漬蔓越莓的糖漿 …… 35g
- 水 …… 15g
- 明膠粉 …… 1g
- 水(明膠粉用) …… 5g

香草奶凍

- 蛋黃 …… 1個
- 砂糖 …… 35g
- 牛奶 …… 70g
- 鮮奶油 …… 50g
- 明膠粉 …… 5g
- 水 …… 25g
- 香草精 …… 少許
- 鮮奶油(結實打發起泡) …… 80g

裝飾

- 紅色鏡面果膠(參照P6) …… 適量
- 糖漬蔓越莓、香葉芹、葡萄、裝飾用巧克力(環，參照P80) …… 各適量

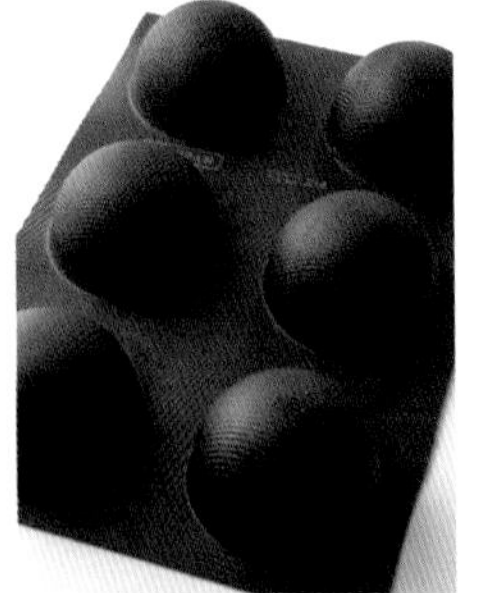

矽膠玻璃纖維製拱形模。其他也使用不同廠商、不同尺寸的金屬製拱形模(參照P40)。

作法

1. 參照94頁製作杏仁海綿蛋糕麵糊。
2. 把麵糊鋪在烤箱紙上，用抹刀抹開成20×24cm、5mm厚，然後連同烤箱紙擺在烤盤上，放進210度的烤箱烤約7~8分鐘。
3. 烤好後，從烤盤取出，上面覆蓋烤箱紙防範乾燥下放涼。
4. 用直徑6cm(底用)、4.5cm(中用)的圓形模各做4片
5. 混合糖漬蔓越莓的材料，稍微煮沸後放涼。
6. 製作蔓越莓果醬。把糖漬蔓越莓的糖漿和水混合，接著邊加入用水泡軟後再微波溶解的明膠邊攪勻。連同容器放入冷藏庫冰涼、凝固。
7. 製作香草奶凍。參照94頁製作奶凍的安格列茲醬。在此不僅用牛奶，而是把牛奶和鮮奶油混合使用。
8. 放涼變濃稠後加香草精。再加打發結實的鮮奶油用打蛋器攪勻。
9. 把香草奶凍倒入模具到6分滿，然後用湯匙背部以摩擦側面方式抹高到邊緣，使正中央形成凹陷狀。
10. 凹陷處擺放直徑4.5cm的杏仁海綿蛋糕，輕輕壓擠。
11. 用湯匙舀入適量的糖漬蔓越莓和果醬(**圖1**)，然後再倒入剩餘的香草奶凍。覆蓋住直徑6cm的杏仁海綿蛋糕。
12. 冷凍，確實凝固。
13. 翻開模具取出奶凍，倒入紅色的鏡面果膠製作塗層。多餘的鏡面果膠要充分滴落(**圖2**)。
14. 移到金色托盤，點綴糖漬蔓越莓、香葉芹、葡萄、裝飾用巧克力。

B 難易度

使用紅色鏡面果膠做塗層

紅寶石 Luvie

從香草奶凍中探頭的是
入口即化的糖漬蔓越莓和果凍！
藉由蜂蜜緩和了蔓越莓的酸味。
並用鮮紅色的鏡面果膠妝亮外觀！

冷凍的蔓越莓。美國產。
靠蜂蜜的自然甜味進行糖漬(左)。也可當作果醬或派餡料。

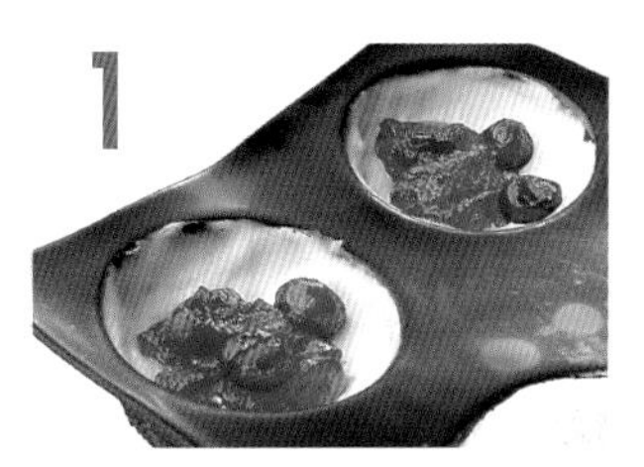

1 置放在正中央，避免顯露到表面。

2 儘量避免觸摸，讓鏡面果膠以自然滴落般進行塗層。

以草莓慕斯和馬斯卡波涅乳酪慕斯疊成兩層。
中間用煎草莓夾心，
組合成充滿水果味的甜點。

材料 (1邊7.5cm的六角空心模1個份)

法式拇指餅乾
- 蛋白 …… 1個
- 砂糖 …… 30g
- 蛋黃 …… 1個
- 低筋麵粉 …… 30g

糖粉 …… 適量

煎草莓
- 切1cm丁塊的草莓 …… 60g
- 砂糖 …… 8g
- 白葡萄酒 …… 10g

馬斯卡波涅乳酪慕斯
- 馬斯卡波涅乳酪 …… 60g
- 砂糖 …… 20g
- 明膠粉 …… 3g
- 水 …… 15g
- 鮮奶油(結實打發起泡) …… 50g

草莓慕斯
- 草莓汁 …… 90g
- 砂糖 …… 30g
- 檸檬汁 …… 5g
- 明膠粉 …… 4g
- 水 …… 20g
- 鮮奶油(結實打發起泡) …… 65g

裝飾
- 紅色的鏡面果膠(參照P6) …… 適量
- 冷凍乾燥的覆盆子 …… 適量
- 透明的鏡面果膠 …… 適量
- 鮮奶油 …… 40g
- 草莓、冷凍的紅醋栗 …… 各適量
- 香葉芹、裝飾用巧克力(捲羽，參照P76) …… 各適量

作法

1 參照94頁製作法式拇指餅乾麵糊。
2 裝入套8㎜圓形擠花嘴的擠花袋，在薄紙擠出的側面用6.5cm×23cm的帶子。底用部分是比模具小1號的六角形，而中層用是小2號的六角形。
3 用濾茶網全面篩入糖粉，放進190度的烤箱烤約10分鐘。
4 剪出側面用3cm寬帶子2條，側面用帶子是以烤面貼著模具鋪上，底用餅乾是烤面朝上鋪好。
5 製作煎草莓。切丁塊的草莓加入砂糖、白葡萄酒一起煎一下，稍微軟化即可。放涼瀝乾煮汁。煮汁可當沾汁。
6 製作馬斯卡波涅乳酪慕斯。把馬斯卡波涅乳酪和砂糖混合攪拌成克林姆狀。加入用水泡軟又經微波融化的明膠，仔細攪勻。
7 加入鮮奶油後，再用打蛋器混合均勻。
8 在鋪餅乾的模具中倒入馬斯卡波涅乳酪慕斯，撒上煎草莓。
9 烤面朝下，擺放中層用餅乾。用毛刷塗抹草莓煮汁的沾汁，使其充分入味。
10 製作草莓慕斯。草莓中邊加砂糖、檸檬汁，以及用水泡軟再經微波溶解的明膠，邊混合。
11 連同容器墊著冰水，用橡皮刮刀邊攪拌邊做成濃稠狀。
12 加入鮮奶油後，再用打蛋器混合均勻，平整倒在**9**上。放入冷藏庫冰涼凝固。
13 半面沾裹紅色的鏡面果膠。另半面，用濾茶網篩入磨成粉末的覆盆子(**圖1**)。其上再沾裹透明的鏡面果膠(**圖2**)。
14 脫膜，用套玫瑰擠花嘴的結實打發起泡鮮奶油，擠出皺褶花樣(**圖3**)。最後裝飾草莓、紅醋栗、香葉芹、裝飾用巧克力。

先把冷凍乾燥的覆盆子切碎，然後用指尖以壓出方式散落在幾個地方。

把紅色顆粒塗開製作花樣。

邊左右小幅度擺動，邊擠出皺褶狀(參照P36)。

冷凍乾燥的覆盆子(右)。這是把新鮮的果實加以冷凍、乾燥而成的。也可用白色巧克力塗層。冷凍乾燥的草莓(左)也可同法使用。

使用2色的鏡面果膠分開塗抹

桑尼亞 Sonia

C 難易度

在加巧克力的海綿蛋糕上重疊巧克力奶凍，用帶澀皮的煮栗子做夾心。
若使用切碎的蘭姆酒葡萄乾取代栗子當夾心，就變成大人口味的甜點。

材料 (1邊10.5cm的菱形空心模1個份)

巧克力海綿蛋糕

- 全蛋……1個
- 砂糖……30g
- 牛奶……5g
- 低筋麵粉……22g
- 可可粉……8g

賓治(混合備用)

- 水……30g
- 蘭姆酒……10g

巧克力奶凍

- 蛋黃……1個
- 砂糖……20g
- 牛奶……70g
- 明膠粉……3g
- 水……15g
- 甜味巧克力(可可份60~65%)……40g
- 鮮奶油(打發6分)……70g

帶澀皮的煮栗子(切7mm丁塊)……50g

裝飾用的鏡面巧克力

- 甜巧克力……10g
- 鮮奶油……10g
- 鏡面果膠……20g

裝飾

- 裝飾用巧克力(羽，參照P76)……適量
- 帶澀皮的煮栗子……3粒
- 金箔……適量

作法

1 烤巧克力海綿蛋糕。全蛋中加入砂糖，以隔水加熱方式用打蛋器邊攪拌邊溫熱到約40度。
2 用手提攪拌器打發起泡到變白，而且舀起會如緞帶般滴落的濃稠度。
3 加入牛奶，用打蛋器輕輕攪拌，再加入過篩的低筋麵粉和可可粉，用橡皮刮刀混合到有光澤的濃稠度。
4 摺疊紙張固定四角，製作22×11cm的平行四邊形(菱形2個)盒子。擺放在烤盤，倒入麵糊整平。
5 放進200度的烤箱烤約8~9分鐘。拿掉烤盤，覆蓋保鮮膜以免乾燥，放涼。
6 配合模具，剪成菱形2片。以略大為宜。用毛刷在2片烤面上輕輕抹上賓治使其滲入蛋糕。
7 製作巧克力奶凍。參照94頁製作奶凍的安格列茲醬。移到容器，趁熱加入切小塊的甜巧克力使其溶解。
8 容器墊著冰塊，用橡皮刮刀邊攪拌邊冷卻。
9 變濃稠之後，把打發6分的鮮奶油倒進來，用打蛋器拌合。
10 在鋪1片巧克力海綿蛋糕的模具中，平整倒入半量的巧克力奶凍。撒入切丁塊的帶澀皮煮栗子。
11 將另一片巧克力海綿蛋糕翻面重疊其上，然後用毛刷從頂上刷賓治使其滲入蛋糕。
12 平整倒入剩下的巧克力奶凍。放入冷藏庫冰涼凝固。
13 製作鏡面巧克力。參照54頁，用甜巧克力和鮮奶油製作巧克力鮮奶油。加鏡面果膠混合(**圖1**)，迅速沾裹在奶凍上。因為冷卻後會很難抹開，所以務必要迅速作業(**圖2**)。
14 點綴裝飾用巧克力、帶澀皮的煮栗子、金箔。

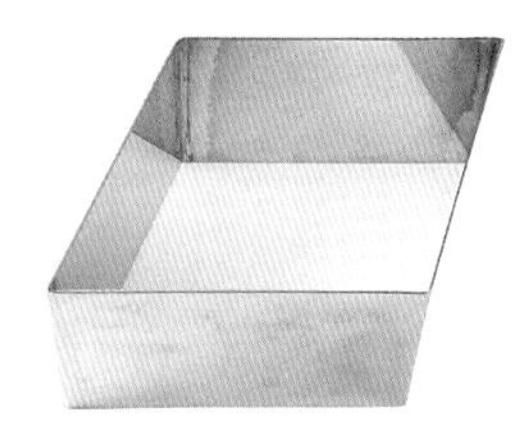

菱形空心模。用來製作凸顯層次感、切面單純的成品。

趁熱混合鏡面果膠也無妨，最好是以剛完成的柔軟狀態進行沾裹的程序。

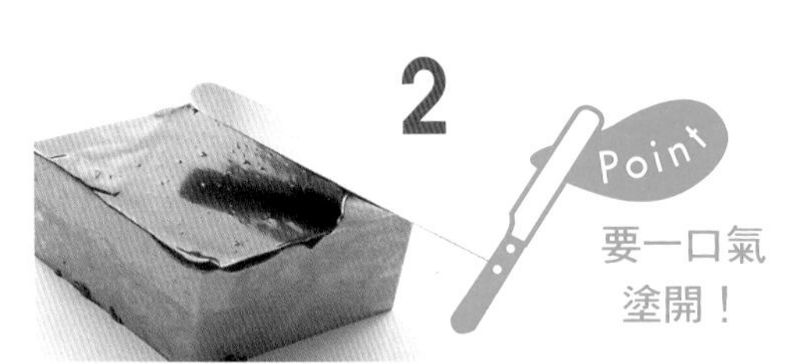

加入巧克力鮮奶油後，通常一變涼就馬上硬化。所以若不迅速沾裹，會殘存不雅的塗痕。

帶澀皮的煮栗子。是用日本產的栗子連同澀皮和糖漿熬煮而成，雖然麻煩但可自家製作。

A 難易度

沾裹加巧克力鮮奶油的鏡面果膠

巧克力提諾

Chocolatino

使用紅色和黃色的鏡面果膠來描繪鮮麗的圖案

露德維卡 Ludovica

在果仁糖和牛奶巧克力的克林姆上，重疊柳橙慕斯。
而新鮮的柳橙果汁是添加磨泥的柳橙皮和檸檬汁來提升香氣及酸味。

材料 (1邊3cm的六角形空心模4個份)

聖法利內巧克力餅乾
- 蛋白 …… 1個
- 砂糖 …… 30g
- 蛋黃 …… 1個
- 可可粉 …… 13g

賓治(混合備用)
- 君度橙皮酒 …… 10g
- 水 …… 20g

香蒂利巧克力
- 牛奶巧克力 …… 30g
- 果仁糖泥 …… 8g
- 鮮奶油 …… 45g

柳橙慕斯
- 柳橙果汁 …… 80g
- 柳橙皮磨泥 …… 1/4個
- 檸檬汁 …… 5g
- 砂糖 …… 20g
- 明膠粉 …… 3g
- 水 …… 15g
- 鮮奶油(結實打發起泡) …… 60g

裝飾
- 鏡面果膠 紅、黃(參照P6、7) …… 各適量
- 裝飾用巧克力(大波浪，參照P79) …… 適量

作法

1 參照94頁製作聖法利內巧克力餅乾麵糊。
2 把麵糊鋪在烤箱紙上，用抹刀抹開成20×24cm、5mm厚，然後連同烤箱紙擺在烤盤上，放進200度的烤箱烤約7~8分鐘。烤好後拿開烤盤，覆蓋烤箱紙防範乾燥下放涼。
3 用六角形空心模壓出8片。先在模具鋪1片蛋糕，用毛刷沾賓治輕刷使其滲入。
4 製作香蒂利巧克力。把切碎的巧克力和果仁糖泥混合，以隔水加熱方式，加熱到約45度加以溶解。
5 倒入半量的用打蛋器打發起泡到會慢慢滴落程度的鮮奶油，用打蛋器混合均勻。
6 倒回剩下的鮮奶油容器中，稍微混合後改用橡皮刮刀拌勻。
7 倒入鋪蛋糕的模具中，再鋪另一片蛋糕，並塗抹賓治。
8 製作柳橙慕斯。把柳橙果汁、柳橙皮、檸檬汁、砂糖混合一起，然後加入用水泡軟又經微波爐溶解的明膠混合。
9 連同容器墊著冰水冷卻並變濃稠狀，接著加入結實打發起泡的鮮奶油混合。倒入模具冰涼凝固。
10 在2處擺放紅色的鏡面果膠(**圖1**)，其上再沾裹上黃色的鏡面果膠(**圖2**)。最後點綴裝飾用巧克力。

果仁糖泥。將杏仁糖(參照P83)磨成泥狀而成。可填充在生鮮糕點或巧克力裡面。另有榛果糖泥。容易氧化，要趁早用完。

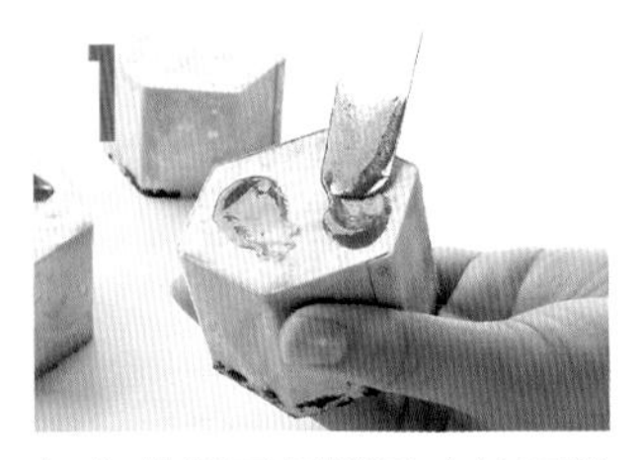

紅色的鏡面果膠用小抹刀塗抹。

別太用力塗抹以免破壞下方的圖案。

畫出清晰的圖案！

裝飾用糖粉

Decoration Sugar

特徵

就算撒在克林姆或慕斯上也不會溶解的糖粉。一般的糖粉只是粉末狀的砂糖，接觸水分即會溶解，如果用在裝飾是無法持久的。然而有添加油脂的裝飾用糖粉，就不容易在糕點上溶解。同時也可抑制甜度。

使用法

主要用途是撒在糕點上做裝飾。為了美觀，可利用濾茶網或雪克罐加以篩入。有時也使用在餅乾上，但不像一般糖粉是混合在麵團或克林姆中使用，而是專用在裝飾上。

保存

因為是砂糖，所以可長期保存，但要密封存放以免潮濕。

撒糖粉 的高明技巧

用雪克罐的撒法

雖有出口打了許多小洞的鹽或調味料用的雪克罐，但建議採用出口是網狀的種類。把糖粉裝在雪克罐裡，不是倒立而是以橫向拿著。然後從上橫向搖動手腕，就能漂亮地撒出糖粉。要裝飾多量糕點或者大面積時，這種撒法較方便。

若要沿著塔的邊緣做定點裝飾時，則邊轉動塔，邊以最近距離同法橫向撒入。若從太上方或縱向撒入，則除了邊緣外連內側都會一片雪白。

失敗

用鏡面果膠所完成的綺麗成品，竟然全部變成白色！所以要從最近距離，橫向小幅度的搖動為宜。

固定雪克罐撒糖粉的位置，靠轉動塔來進行作業。

用濾茶網的撒法

利用濾茶網的纖細網如雪一般地撒入。為了能夠分佈均勻又漂亮，可以從糕點的略上方全面性篩入糖粉。用濾茶網舀起糖粉，以另一手的指尖輕敲濾茶網來進行作業。

邊以相同的速度來移動濾茶網，邊均勻地篩入糖粉。

失敗

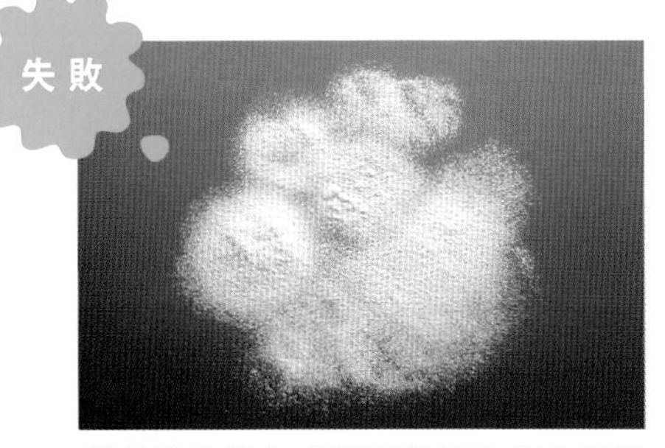

部分性的篩入或近距離篩入都會出現不均勻或凹凸狀。

材料 (長徑13cm的橢圓形空心模1個份)

法式拇指餅乾

- 蛋白 …… 1個
- 砂糖 …… 30g
- 蛋黃 …… 1個
- 低筋麵粉 …… 30g

糖粉 …… 適量

果醬餡料

- 綜合莓類(冷凍直接使用) …… 40g
- 覆盆子果醬 …… 10g

白色巧克力慕斯

- 白色巧克力 …… 70g
- 牛奶 …… 65g
- 明膠粉 …… 4g
- 水 …… 20g
- 君度橙皮酒 …… 5g
- 蛋白 …… 1個
- 砂糖 …… 15g
- 鮮奶油(結實打發起泡) …… 90g

裝飾

- 裝飾用糖粉 …… 適量
- 鮮奶油(裝飾用) …… 50g
- 鏡面果膠 …… 適量
- 喜歡的水果(草莓、覆盆子、藍莓、冷凍紅醋栗、蘋果)、裝飾用巧克力(環，參照P80)、金箔 …… 各適量

作法

1 參照94頁製作法式拇指餅乾麵糊。

2 把麵糊裝在13㎜圓形擠花嘴的擠花袋中，以渦捲狀擠出和空心模同樣大小的橢圓形。邊緣擠入花瓣狀，再用濾茶網大量篩入糖粉，使糖粉有一厚度。

3 放進約180度的烤箱，烤約12分鐘(**圖1**)。

4 製作果醬餡料。把綜合莓類和覆盆子果醬拌在一起。

5 製作白色巧克力慕斯。在切碎的白色巧克力中，邊慢慢加入牛奶邊攪拌，使白色巧克力充分溶解。

6 加入用水泡軟後又經微波溶解的明膠。連同容器墊著冰水，冰涼到變濃稠時，加入君度橙皮酒。

7 蛋白打發起泡到會殘存打蛋器痕跡的濃稠度後，分2次加入砂糖，再繼續打發起泡。製作濃稠結實的蛋白糖霜。

8 把結實打發起泡的鮮奶油加到蛋白糖霜中，輕輕拌合。然後分次倒入**6**的白色巧克力中，再用打蛋器攪拌均勻。

9 模具上覆蓋保鮮膜，用橡皮筋固定，倒放在盤子上。

10 把白色巧克力慕斯倒入模具裏約6分滿，用湯匙背部以摩擦側面方式抹高到邊緣，使正中央形成凹陷狀。

11 在凹陷處中央平鋪倒入果醬餡料，用抹刀整平後，放入冷藏庫冰涼、凝固。

12 從模具取出固化的慕斯，擺放在放涼的法式拇指餅乾上。

13 餅乾的邊緣和慕斯上面，都用濾茶網均勻篩入糖粉。

14 把打發起泡的鮮奶油利用聖安娜擠花嘴擠出雲彩形(**圖2**)。

15 最後用鏡面果膠擠出水珠(**圖3**)，最後用點綴水果、裝飾用巧克力、金箔。

綜合莓類。冷凍的綜合莓類。將黑醋栗、紅醋栗、覆盆子、藍莓、黑莓等含有甜酸味的水果混合一起。可添加在瑪芬蛋糕等上烘焙。

擠成花瓣狀的餅乾本身也是一種裝飾，所以擠法要特別慎重。

鮮奶油的擠花(參照P35)成為固定水果裝飾的基台。

傾斜糕點時，水珠會滾動，所以要先移到盤子裡後才裝飾鏡面果膠水珠。

A 難易度

撒上糖粉再裝飾鏡面果膠的水珠

香奈兒 Celine

會從奶香味的白色巧克力慕斯中
露臉的是酸酸的果醬餡料。
而純白的慕斯上還用紅色的水果裝飾得十分華麗。

只在邊緣撒糖粉來凸顯線條感

藍莓塔

Tarte aux Myrtilles

材料 (底面直徑6㎝、高2㎝的塔模4個份)

塔皮麵團

- 無鹽奶油 …… 35g
- 糖粉 …… 25g
- 蛋黃 …… 20g
- 香草油 …… 少許
- 低筋麵粉 …… 60g

法式奶油乳酪

- 奶油乳酪 …… 100g
- 砂糖 …… 30g
- 牛奶 …… 50g
- 明膠粉 …… 3g
- 水 …… 15g
- 檸檬汁 …… 5g
- 鮮奶油 …… 80g

藍莓果醬 …… 40g

藍莓(中層用) …… 16~20粒

裝飾用的藍莓鏡面果膠

- 鏡面果膠 …… 30g
- 藍莓果醬 …… 30g

裝飾

- 藍莓 …… 適量
- 裝飾用糖粉 …… 適量
- 鮮奶油(裝飾用) …… 60g
- 香葉芹、裝飾用巧克力(環，參照P80) …… 各適量

作法

1 參照94頁製作塔皮麵團。

2 用桿麵棍把塔皮麵團桿成3㎜厚。再用11㎝的環狀模壓出4片，緊緊鋪貼在塔模上，切掉多餘的邊，用叉子在底部全面戳洞。

3 在冷藏庫靜置1小時。鋪在鋁杯，擺放派石當重物。

4 放進190度的烤箱烤10分鐘。連同重物拿掉鋁杯，繼續烤約3~5分鐘到有焦色，之後放涼(**圖1**)。

5 製作法式奶油乳酪。把奶油乳酪用微波爐稍微加熱變軟。

6 加砂糖用打蛋器攪拌。一點一點加入牛奶，攪拌成滑潤狀為止。

7 加入用水泡軟後又經微波溶解的明膠混合。接著加入檸檬汁、鮮奶油(以液體直接使用)攪拌均勻。

8 在素烤的塔中擺放10g的藍莓果醬，用湯匙抹開。然後每一個塔擺放4~5粒藍莓，從上倒入法式奶油乳酪。

9 放進冷藏庫冰涼、凝固。

10 在法式奶油乳酪上面排滿藍莓。

11 鏡面果膠和果醬混合，用濾茶網壓擠過濾。裝入塑膠擠花袋中，剪個小孔，全面性擠花(**圖2**)。

12 邊緣部分利用濾茶網篩入裝飾用糖粉(參照P25)

13 打發起泡的鮮奶油用星形擠花嘴在頂上擠花(**圖3**)，最後點綴藍莓、香葉芹、裝飾用巧克力。

1 靜置時間要充足，才能避免烘烤時縮小，確實烤出香氣。

2 藍莓的縫隙也要擠入鏡面果膠，以免有破洞般的缺陷。

3 以旋轉積高的方式來擠出鮮奶油。

裝飾用糖粉

A 難易度

原味乳酪的塔上充滿著藍莓。
再淋上藍莓鏡面果膠，
不僅風味倍增，也更有一體感！

材料 (長徑18cm的橢圓形空心模1個份)

法式拇指餅乾

- 蛋白……1個
- 砂糖……30g
- 蛋黃……1個
- 低筋麵粉……30g

紅色果醬(覆盆子等)……適量

白葡萄酒慕斯

- 蛋黃……1個
- 砂糖……20g
- 白葡萄酒……60g
- 明膠粉……3g
- 水……15g
- 鮮奶油(結實打發起泡)……50g

綜合莓類(冷凍，參照P26)……40g

黑醋栗慕斯

- 黑醋栗果汁(冷凍)……60g
- 明膠粉……3g
- 水……15g
- 黑醋栗利口酒……12g
- 義大利蛋白霜(依照P45的份量、過程製作使用，剩下的用來裝飾)……25g
- 鮮奶油(結實打發起泡)……60g

裝飾

- 裝飾用糖粉……適量
- 黑醋栗鏡面果膠(參照P7)……適量
- 義大利蛋白霜(上記剩餘的)……適量
- 黑醋栗果汁……適量
- 藍莓、冷凍紅醋栗、裝飾用巧克力(捲羽，參照P76)、金箔……各適量

作法

1 參照94頁製作法式拇指餅乾麵糊。

2 把麵糊鋪在烤箱紙上，用抹刀抹開成25×17cm大小。

3 紅色果醬放入塑膠擠花袋中，前端剪小洞，擠出在整面餅乾麵糊上畫圖案。

4 連同烤箱紙擺在烤盤上，放進190度的烤箱烤約8~9分鐘。烤好後，從烤盤取出，上面覆蓋烤箱紙防範乾燥下放涼。

5 切出側面用3×24cm帶子2條。另外切出比模具小1號的橢圓形當底用，小2號的橢圓形當中層用。側面用部分用濾茶網輕撒裝飾用糖粉，再把有糖粉那面貼鋪在模具側面。接著鋪上底用餅乾。

6 製作白葡萄酒慕斯。參照94頁製作奶凍的安格列茲醬。但在此是用白葡萄酒取代牛奶製作。

7 放涼變濃稠之後，加入結實打發起泡的鮮奶油，用打蛋器混合均勻。

8 在鋪餅乾的模具中平鋪倒入白葡萄酒慕斯，撒入冷凍狀態的綜合水果。覆蓋中層用的餅乾，輕壓使其密貼。

9 製作黑醋栗慕斯。在解凍的黑醋栗果汁中邊加入用水泡軟後再微波溶解的明膠邊攪勻。接著加入黑醋栗利口酒。

10 把**9**的黑醋栗果汁分2等份，分別放入義大利蛋白霜和結實打發起泡的鮮奶油中，用打蛋器分別攪勻。然後雙方再混合攪勻。

11 倒在**8**上，用抹刀整平表面，放入冷藏庫冰涼、凝固。

12 半面撒入裝飾用糖粉(**圖1**)，另半面沾裹黑醋栗鏡面果膠。把剩餘的黑醋栗鏡面果膠放入擠花袋，擠出水珠狀(**圖2**)。拿開模具。

13 在裝飾用的義大利蛋白霜中混合適量的黑醋果汁著色，套上聖安娜擠出波浪狀圖案(**圖3**)。在避免接觸到慕斯表面下使用噴火槍，將義大利蛋白霜燒出淡焦色。

14 最後點綴藍莓、紅醋栗、裝飾用巧克力、金箔。

黑醋栗果汁。黑醋栗的法文是cassis，英文是blackcurrant。因為酸味強又有獨特的澀味，所以不適合直接生吃，多半是製作糕點的水果。可用來製作慕斯、果醬、冰凍糕點。

1 為了避免另一面附著到裝飾用的糖粉，所以要邊用抹刀擋住邊撒上糖粉。

2 讓水珠的形狀逐漸變小，使外觀更加漂亮。

3 添加黑醋栗果汁到形成綺麗的紫色後才擠花。用噴火槍燒時避免過度。

大膽使用裝飾用糖粉和鏡面果膠構成兩色

凡奈莎
Vanessa

C 難易度

在紅色條紋的餅乾中
包覆著白葡萄酒和黑醋栗兩層慕斯。
擠花的義大利蛋白霜
也混合利口酒來強調黑醋栗的顏色。

3

使用別於往常的擠花嘴
更具法國糕點師的架勢

發泡鮮奶油
Whipped Cream

用途

主要用途是裝飾糕點。通常是裝在套擠花嘴的擠花袋裡，在糕點上擠花。

擠花嘴的種類相當多，在此要介紹的是法國糕點師常用的擠花技巧。如果你是一直採用固定模式擠花，或者不擅長擠花的人，請多加練習看看。

鮮奶油要在良好的狀態下進行擠花，是優美裝飾的要訣。

種類

使用品質良好的純動物性鮮奶油。一般販賣店出售的鮮奶油，分為35%或36%的低乳脂肪型，及45%的高乳脂肪型。

45%的種類，雖然濃醇風味佳，但容易分離不易作業。

而低乳脂肪的種類，雖然口味較淡，但操作簡單是初學者都方便使用的種類。所以在此全部採用低乳脂肪型做介紹。

保存

放在冷藏庫保存。對溫度變化或振動很敏感。所以購入後請馬上冷藏。但不可以冷凍。

保存期間是以未開封狀態，從製造日算起7天。儘快用完為宜。一旦經過打發起泡就建議不要保存。

打發起泡的高明技巧

由於金屬容器有時容易因摩擦產生黑色粉粒，所以建議使用玻璃容器作業。

在相同或略大尺寸的另一容器裝冰水，讓玻璃容器墊著冰水，避免鮮奶油的溫度上升，用手提攪拌器打發起泡。若溫度上升，品質會不穩定，也容易分離。

稀軟的打發起泡狀態(約打發5分程度)。製作香蒂利巧克力，就是以此狀態最佳。

這是最適合擠花的狀態。在此步驟改用打蛋器，邊手動邊微調來作業。每次裝入擠花袋前，都必須先確認軟硬度。

這是打發起泡過度！成為鬆散狀，無法擠出美麗線條的狀態。若只是稍微分離，添加少許液體鮮奶油即可恢復。尚未熟悉的人，先用手提攪拌器打發到快完成前，再改用打蛋器來做調節。

擠花袋的拿法

把鮮奶油裝入擠花袋，用慣用手握住裝鮮奶油的部分。將擠出的力量強弱以及動作全交由慣用手掌控。

另一手只負責把指尖輕托在套擠花嘴的部分下方，擔任防範晃動保持擠花作業穩定的工作。若用兩手握住，不僅難以控制，還容易因體溫致使鮮奶油分離成鬆散狀。

別一次就把全部的鮮奶油裝入擠花袋，應分次裝袋擠花，品質才能保持良好。

裝入擠花袋的量別太多，因為手的體溫容易導致分離，故裝入一半為宜。若在擠花中途變鬆散，就將鮮奶油全部倒回容器，重新攪拌均勻再繼續擠花。

擠花嘴、擠花的高明技巧

基本的擠法

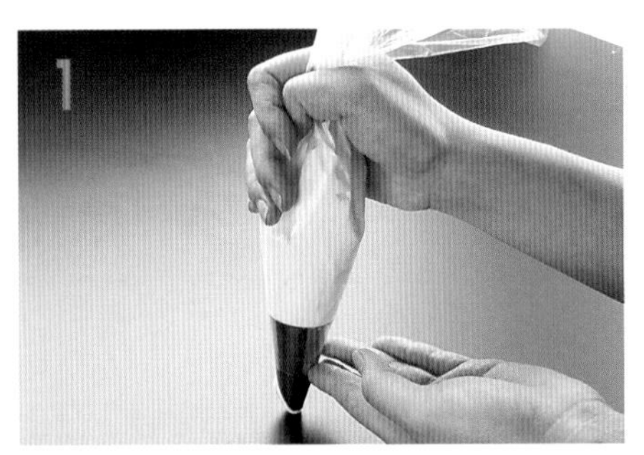

聖安娜擠花嘴的擠法較特殊，必須垂直對準糕點拿著擠花袋，並把擠花嘴的切口經常朝向正前方。從距離糕點約5mm上面進行作業。

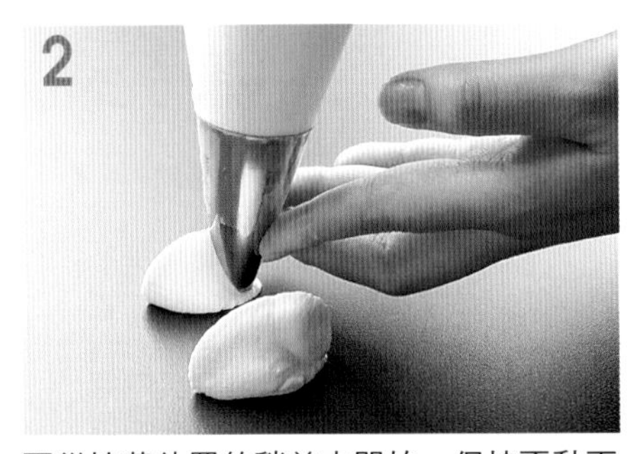

要從擠花位置的稍前方開始，保持不動下加力量擠出。同時藉由壓出力量的強弱來變化擠花的大小。

停止擠出時要如切斷般拉向自己面前。若是慢慢拉伸或邊擠邊拉，鮮奶油會一直延伸下去。故為了保持朝向自己正面直線擠出的動作，必須移動糕點的方向。

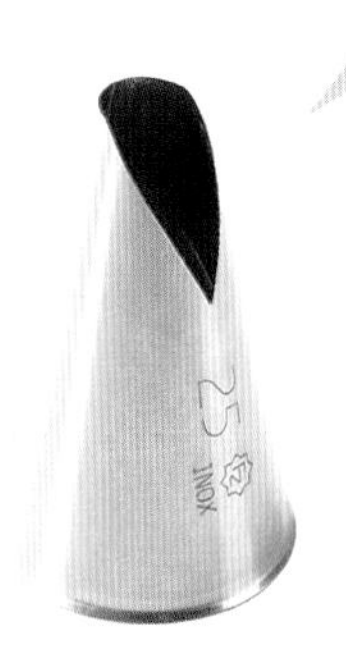

聖安娜擠花嘴

原本是使用在修飾稱為聖安娜糕點所用的擠花嘴。

淚滴的嘴型可擠出有份量又俐落的線條。只要學會了擠法，任何的糕點都能夠裝飾地華麗無比。

在此介紹的是聖安娜擠花嘴原形的聖安娜糕點用的原始版模具。並製作把柳橙應用在典雅的聖安娜糕點上的款式。在派和泡芙麵團上組合焦糖，把鮮奶油利用聖安娜擠花嘴在柳橙的克林姆糕點上擠花。還使用和焦糖相當對味的柳橙做裝飾。

長形和短形

以直線朝面前拉伸的方式擠出鮮奶油。並靠拉伸的力量強弱決定長短。

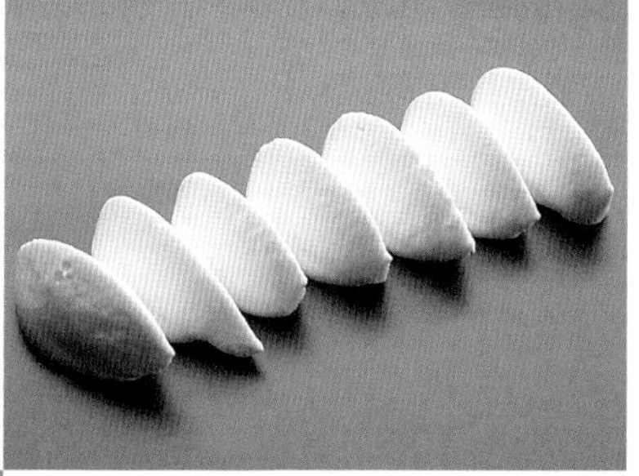

連續形

全部以相同長度並排擠出。斜向擠出的連續形也非常漂亮。

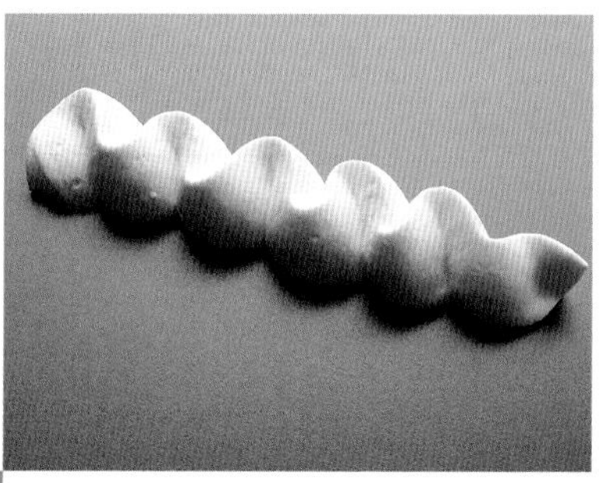

波浪形

可以一邊擠出鮮奶油，一邊做波浪狀的圖案。可做成細波浪、大波浪等，增加變化。

雲形

增加波浪的寬度，但縮短長度。以細波浪→大波浪→細波浪的擠出方式描繪雲層一般的圖案。

聖安娜糕點的變化型
像極了糕餅屋的成品

維爾

草莓蛋糕

在我的教室裡，採用聖安娜擠花嘴來裝飾的成品相當多。

例如「伊若雷」是在椰子的原味乳酪上擺放醃漬紅葡萄酒的美國核桃，再用波浪形擠花裝飾。

「維爾」是利用抹茶的清爽感綠色，把雪白的鮮奶油襯托地更優美。雙層的「草莓蛋糕」是組合聖安娜擠花嘴和圓形擠花嘴來完成華麗的擠花裝飾。

只要採用聖安娜擠花嘴擠花，那麼簡單的糕點也能呈現媲美「糕點屋成品」的風采。

玫瑰擠花嘴

顧名思義就是能把鮮奶油擠成玫瑰花形的擠花嘴。要擠成玫瑰是有些困難，但以皺褶狀來表示就簡單了。

輕輕地重疊幾層即有華麗感。若在圓形上重疊擠花就如同康乃馨一般。

但在圓形上擠花時，要把糕點放在旋轉台或盤子上，邊轉動糕點邊作業。

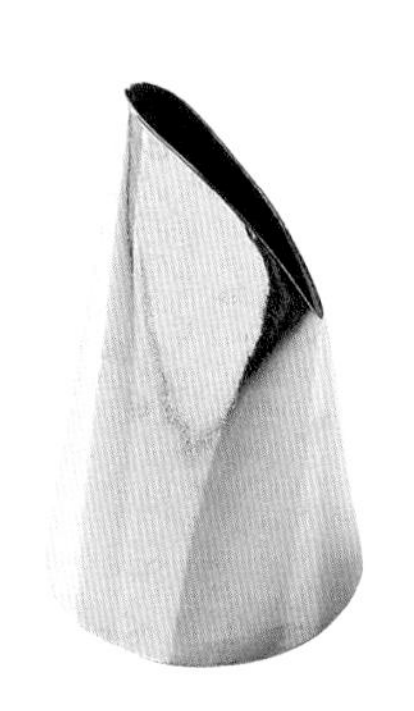

擠花嘴較細的部分朝上，左右小幅擺動，以成為直線方式擠出皺褶狀。

要把皺褶狀擠花重疊幾層時，越靠內側要越豎立般逐漸改變角度營造變化，形態才會漂亮。

整團擺放裝飾

不用擠花的技巧，而是用湯匙把鮮奶油舀出造型的技巧。像餐廳甜點中，以漂亮橄欖球狀盛盤的冰淇淋一般，利用鮮奶油製作團狀造型而裝飾在糕點上。

或許會感到有些困難，多練習幾次就能夠舀出漂亮又完美的團狀造型。但是別用圓形的湯匙，應該採用前端較細的湯匙，做出的形狀才會俐落。

1

鮮奶油太柔軟無法美麗塑型，所以打發起泡到有些鬆散狀。份量少時，要聚集在容器的一角。

2

湯匙放入熱水中溫熱。如果湯匙沒有充分溫熱，團狀造型將無法順利地從湯匙脫落。

3

以覆蓋方式用湯匙把鮮奶油往面前舀起，讓鮮奶油呈現內捲狀態。嘗試幾次就能掌握到恰到好處的作業要領。

4

在容器邊緣切斷舀取，整理形狀。

5

將湯匙往上滑動方式，把鮮奶油擺放在糕點上。這時別用甩落的動作，應該順著團狀鮮奶油而滑動湯匙，順勢使其脫落。但是若湯匙的溫度不夠，也會影響脫落的狀況。

用聖安娜擠花嘴擠出連續形

榭巧拉 Cechula

不加麵粉的楓丹巧克力蛋糕，入口即化十分美味。
而裝飾用的鮮奶油也巧妙地柔化了巧克力的苦味。

材料 (矽膠製費南雪模4個份)

楓丹巧克力蛋糕

全蛋	60g
砂糖	45g
甜味巧克力(可可份55%)	60g
無鹽奶油	35g
可可粉	15g

賓治(混合備用)

覆盆子利口酒	20g
水	20g

裝飾

鮮奶油	150g
砂糖	12g
覆盆子果醬	適量
裝飾用糖粉	適量
裝飾用巧克力 (波浪，參照P78)、冷凍紅醋栗、 香葉芹、金箔	各適量

作法

1 烤楓丹巧克力蛋糕。全蛋和砂糖隔水加熱到40度，用手提攪拌器打發起泡到變白又濃稠。
2 甜巧克力、無鹽奶油以隔水加熱方式溫熱溶解，充分混勻。趁還溫熱狀態中，撒入可可粉混合。
3 在**1**的容器中放入**2**，用抹刀仔細混合。
4 在8個塗抹無鹽奶油(份量外)的矽膠模具裡，倒入麵糊至9分滿。
5 放進180度的烤箱烤約8分鐘。
6 連同模具放入冷凍庫冰涼，翻開模具取出蛋糕。由於非常脆弱，無法直接從模具取出，所以要等到確實凝固後才輕輕脫模(**圖1**)。
7 把剝離模具那面朝上，用毛刷沾賓治輕刷使其滲入蛋糕。
8 把加砂糖打發起泡的鮮奶油利用聖安娜擠花嘴在**7**上擠出波浪圖案(**圖2**)。再用湯匙舀入少量的果醬，上面擺放另一片蛋糕。
9 接著用聖安娜擠花嘴把鮮奶油擠出連續形圖案(**圖3**)，再用濾茶網或雪克罐撒入裝飾用糖粉。
10 最後點綴裝飾用巧克力、紅醋栗、香葉芹、金箔。

冷凍的紅醋栗，法文稱為groseille，英文稱為red curant。和黑醋栗一樣，含有酸味、澀味，通常使用在果醬或糕點上。整串狀態的冷凍品，因進行裝飾時不會滲出顏色，所以在美化糕點時十分方便。

模具翻面，邊輕輕壓著蛋糕，邊小心翻開模具。

擠花呈現高度感，完成後更漂亮。若當夾心，那麼在擺放上一層時別用力壓擠。

避免夾心被壓扁，這個步驟的擠花也不可用力。

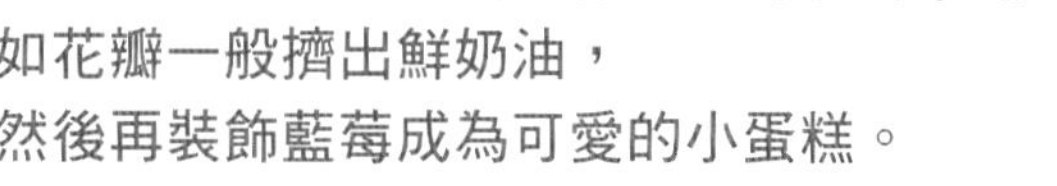

使用瀝乾水分的優格製作克林姆狀的慕斯。
如花瓣一般擠出鮮奶油，
然後再裝飾藍莓成為可愛的小蛋糕。

材料 (底徑6.5cm的拱形模4個份)

杏仁海綿蛋糕

全蛋	35g
糖粉	25g
杏仁粉	25g
蛋白	50g
砂糖	30g
低筋麵粉	22g

白色慕斯

優格	200g
砂糖	25g
檸檬汁	10g
明膠粉	4g
水	20g
鮮奶油(結實打發起泡)	80g

櫻桃果醬(低糖類型) 40g

裝飾

鮮奶油	100g
裝飾用糖粉	適量
草莓(1/4塊)、藍莓、覆盆子	各4粒
小茴香	適量
裝飾用巧克力(切割龍捲風使用，參照P80)	適量

作法

1 把白色慕斯用的優格，利用咖啡濾紙瀝乾水分，準備100g。由於需在冷藏庫靜置一晚，所以要在前一天做好準備(**圖1**)。

2 參照94頁製作杏仁海綿蛋糕麵糊。

3 把麵糊鋪在烤箱紙上，用抹刀抹開成20×24cm、5mm厚。

4 連同烤箱紙擺在烤盤上，放進210度的烤箱烤約7~8分鐘。烤好後，從烤盤取出，上面覆蓋烤箱紙防範乾燥下放涼。

5 用直徑5.5cm、4cm的圓形模各壓出4片蛋糕。

6 在**1**的優格中加入砂糖、檸檬汁、水，以及用水泡軟後再微波溶解的明膠，用打蛋器邊混合邊攪勻。接著加入結實打發起泡的鮮奶油，混合均勻。

7 倒入模具約6分滿，用湯匙背部以摩擦側面方式抹高到邊緣，使正中央形成凹陷狀。

8 在凹陷處擺放櫻桃果醬，覆蓋用4cm圓形模壓出的杏仁海綿蛋糕。

9 倒入剩餘的慕斯，用湯匙背部抹平。再覆蓋用5.5cm圓形模壓出的杏仁海綿蛋糕，放入冷凍確實凝固。

10 用噴火槍輕燒模具，往上壓擠般取出慕斯(參照P62的黑色太陽)。

11 打發起泡的鮮奶油用玫瑰擠花嘴擠出2圈的皺褶圖案(參照P36)。

12 用濾茶網或雪克罐撒入裝飾用糖粉(**圖2**)，最後點綴水果、小茴香和裝飾用巧克力。

低糖的櫻桃果醬。低糖的果醬果肉多、又容易處理，使用在糕點上十分方便。由於已經加熱過，所以放入冷凍糕點也不太出水。希望甜味更低時，可使用市售的瓶裝糖煮櫻桃。

如果瀝乾後少於100g，就把抽出的水分(乳清)再倒回，補足到100g即可。

從上全面性的撒上裝飾用糖粉

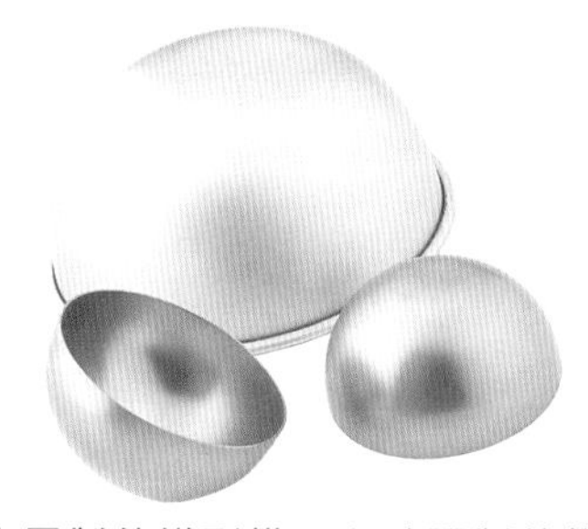

金屬製的拱形模，和矽膠製的模具一樣，若不冷凍就很難脫模。可用噴火槍或瓦斯爐火溫熱模具周圍，再以滑動方式脫模。

使用玫瑰擠花嘴擠出皺褶形

米利亞 Miria

使用聖安娜擠花嘴擠出羽毛狀

馬留斯 Marius

材料 (矽膠製費南雪模4個份)

柳橙達垮茲蛋糕

蛋白	25g
砂糖	10g
杏仁粉	25g
低筋麵粉	5g
糖粉	25g

切碎的柳橙皮	40g
糖粉	適量

西點克林姆

蛋黃	1個
砂糖	30g
低筋麵粉	8g
牛奶	125g
君度橙皮酒	5g

栗子鮮奶油

無鹽奶油	10g
栗子泥	100g
牛奶	20g

裝飾

鮮奶油	100g
君度橙皮酒	8g
裝飾用糖粉	適量
切碎的柳橙皮	適量
裝飾用巧克力(羽，參照P76)	適量

作法

1 烤柳橙達垮茲蛋糕。蛋白用打蛋器打發起泡到會殘存打蛋器痕跡的程度，然後分2次加入砂糖，繼續打發起泡，做成較結實的蛋白糖霜。

2 接著加入混合過篩的杏仁粉、低筋面粉和糖粉，用橡皮刮刀仔細混合，裝入擠花袋。

3 平坦擠入塗抹無鹽奶油(份量外)的費南雪模具，再撒些切碎的柳橙皮。

4 用濾茶網篩入多量的糖粉。放進180度的烤箱烤約12分鐘。從模具取出、放涼。

5 參照94頁製作西點克林姆。

6 加入君度橙皮酒，約各取20g添加分別擺放在柳橙達垮茲蛋糕上。

7 製作栗子克林姆。把無鹽奶油打成克林姆狀，然後加入撥散的栗子泥，用木刮刀混合。加牛奶，用打蛋器攪拌成滑潤狀。

8 裝入套布朗峰擠花嘴的擠花袋中，把栗子克林姆以斜向鋸齒狀擠在6上(**圖1**)。

9 鮮奶油加入君度橙皮酒，打發起泡到結實狀，然後用聖安娜擠花嘴擠花(**圖2**)。全面撒入裝飾用糖粉，最後點綴切碎的柳橙皮和裝飾用巧克力。

栗子泥。是將栗子壓擠過濾然後加入糖份的泥狀物。當作餡料相當甜，所以其他材料要減少砂糖來調節。剩餘的餡料要用保鮮膜緊緊包住冷凍保存。

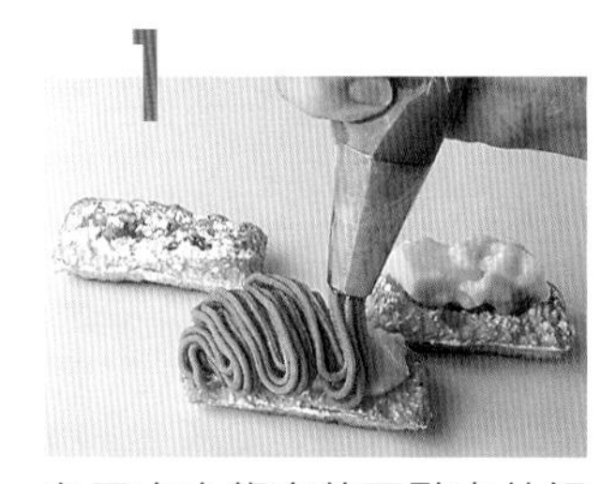

在正中央壟高的西點克林姆上，利用布朗峰擠花嘴，以稍微浮高的位置進行擠花會比較漂亮。

擠花的大小要有變化，而且稍微彎曲才能擠出秀麗的羽毛狀！

矽膠製的費南雪模。塗抹奶油即可脫模。除了可烘焙費南雪蛋糕外，也可使用在達垮茲蛋糕或榭巧拉的楓丹巧克力蛋糕(參照P38)等各種烤製糕點。用清潔劑洗過後，要確實乾燥。也可放入烤箱靠餘溫烘乾。

發泡鮮奶油

B 難易度

這是用柳橙風味的達垮茲蛋糕
當基底的布朗峰蛋糕。
意想不到柳橙和栗子的搭配如此超群！
而且兩種克林姆
也都飽含柳橙利口酒的香氣。

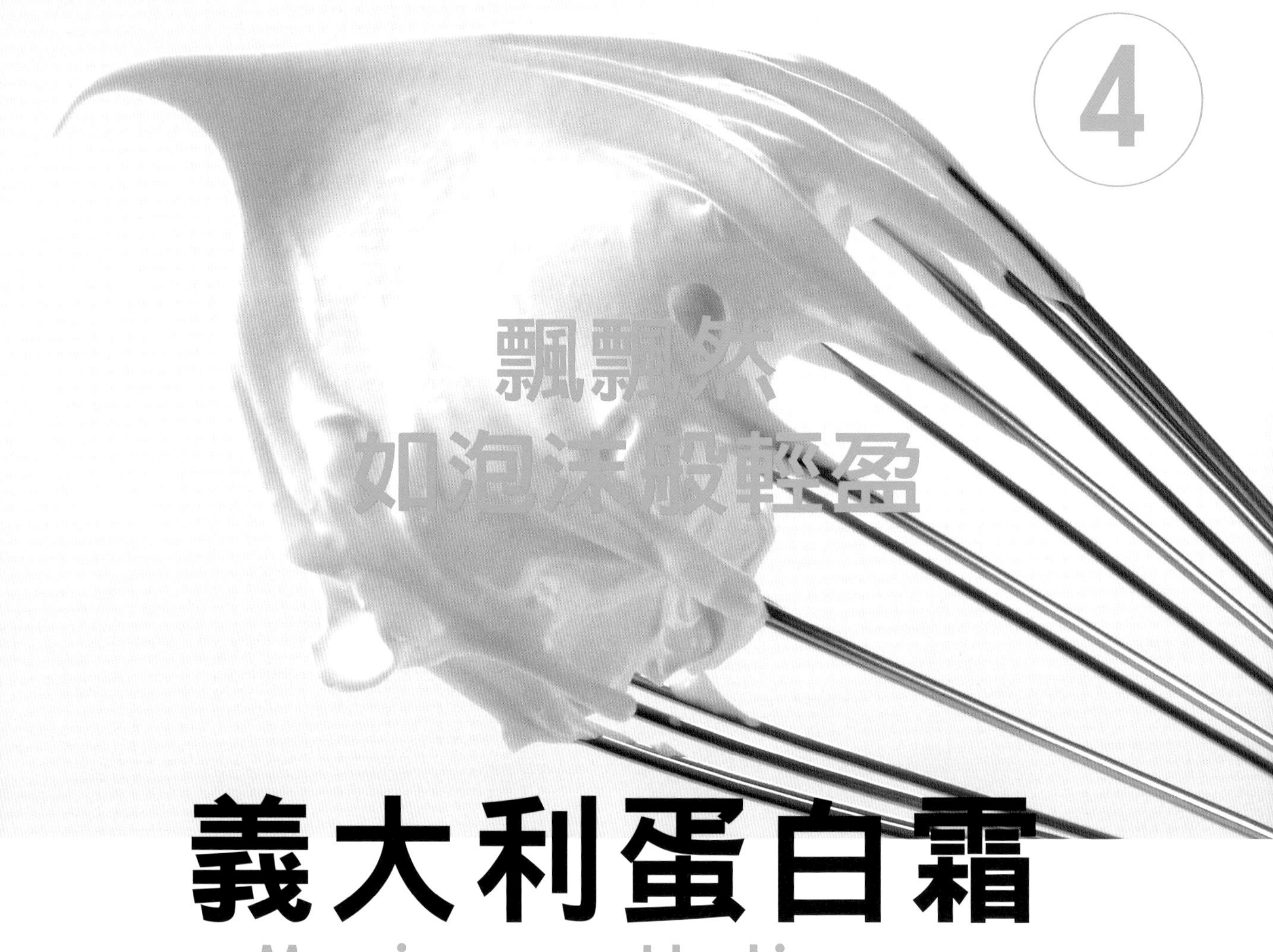

義大利蛋白霜

Meringue Italienne

用途

在裝飾時，利用擠花嘴擠花，或直接沾裹在糕點上。從上用噴火槍輕輕燒過，做出美味的焦色。

另外也可加在慕斯或奶油克林姆中，來呈現輕盈感。

特徵

蛋白打發起泡後，再加入溫熱的砂糖糖漿所做成的結實蛋白霜。

正確的作法必須依照程序一步一步進行，靠糖漿的熱度為蛋白殺菌，放涼後會產生晶亮的光澤，成為結實穩定的蛋白霜，法國糕點上經常使用。

另有在蛋白加砂糖打發起泡的一般蛋白霜，稱為法式蛋白霜。後者主要用在烤製糕點上，但因氣泡會隨著時間消失，故不適合用來裝飾。

氣泡不易消失的義大利蛋白霜，用在裝飾時較能持久，話雖如此，仍以保存一天為基準。最佳作法是提供糕點前才去製作。

打發起泡的高明技巧

材料（完成量約90g）

砂糖……60g
水……20g
蛋白……30g

製作糖漿。砂糖放入小鍋，從上加水到全部砂糖吃到水。若部分沒吃到水會燒焦，要注意。開中火熬煮。

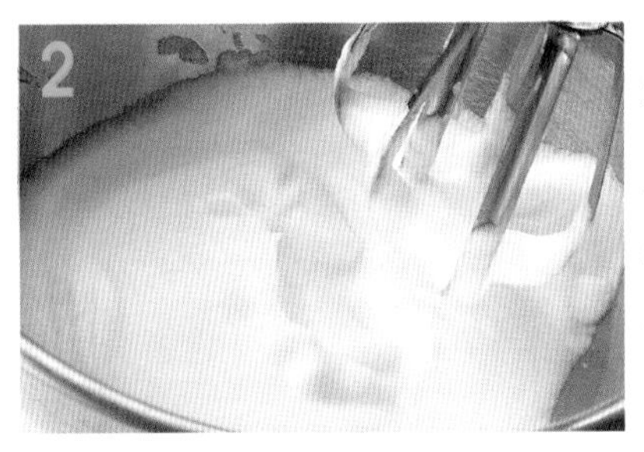

糖漿沸騰後，用手提攪拌器開始打發蛋白。打發起泡到會有確實殘存打蛋器痕跡的程度為最佳。但若是打發過度，就會變成鬆散狀，所以要特別注意。

用溫度計測量糖漿，在攝氏117度時熄火。這時蛋白霜會呈現**2**的狀態。手提攪拌器調高速，把糖漿如細線般慢慢地加入。而且從手提攪拌器的兩翼間加入糖漿，才容易混合均勻不易結塊。

加入糖漿後，持續打發起泡。打發起泡到蛋白霜冷卻後會結實有光澤為止。要擠出沾裹時，趁如體溫般溫熱的狀態進行為宜。

失敗

太稀軟的蛋白霜！

加入糖漿前的蛋白霜打發起泡不夠，或者糖漿熬煮程度不夠，或者加入糖漿後的打發起泡不夠等原因所致。

失敗

有雜色的蛋白霜！

糖漿熬煮過度變成黃色，又直接加到蛋白霜中所致。故要遵守溫度，而且餘溫也會使其變色，故必須馬上加到蛋白霜裡。

失敗

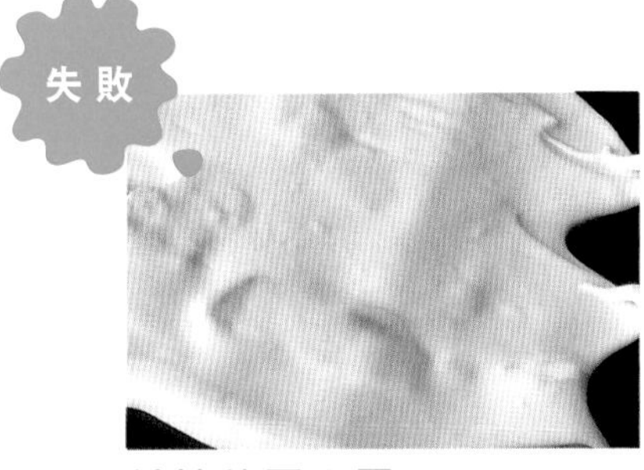

結塊的蛋白霜

糖漿熬煮過度，或將糖漿一次全部倒入，都會在蛋白霜中凝結成糖塊。為使糖漿能馬上融入蛋白霜，應以細線狀慢慢滴落才行。

典雅燒成焦色的高明技巧

用圓形擠花嘴擠花再燒成焦色

Point
使用蛋白霜覆蓋慕斯

避免基台的慕斯接觸噴火槍的火，上面先薄層沾裹蛋白霜，再用圓形擠花嘴擠花。

噴火槍要稍微保持距離，輕輕燒出焦色。

用聖安娜擠花嘴擠花再燒成焦色

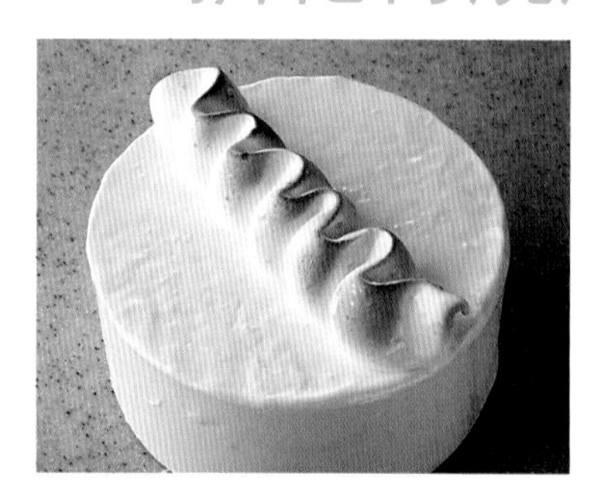

如鮮奶油一般，可以擠出許許多多的圖案(參照P35)。

噴火槍太接近或太強導致燒焦的狀態！

用玫瑰擠花嘴擠花再燒成焦色

如同鮮奶油一般擠花(參照P36)，用噴火槍燒出焦色。

用濾茶網輕輕撒入裝飾用糖粉，就完成漂亮的裝飾。

沾裹後再燒成焦色

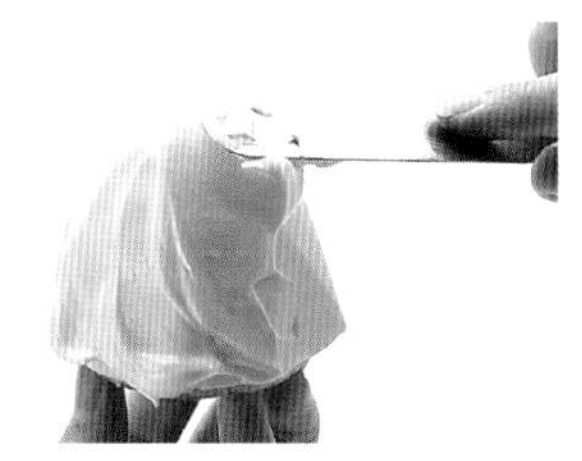

在糕點表面沾裹蛋白霜。因為沾裹的線條在燒過後會浮現出來。所以沾裹的線條要講究。另外，沾裹太薄的話容易溶解，要注意。

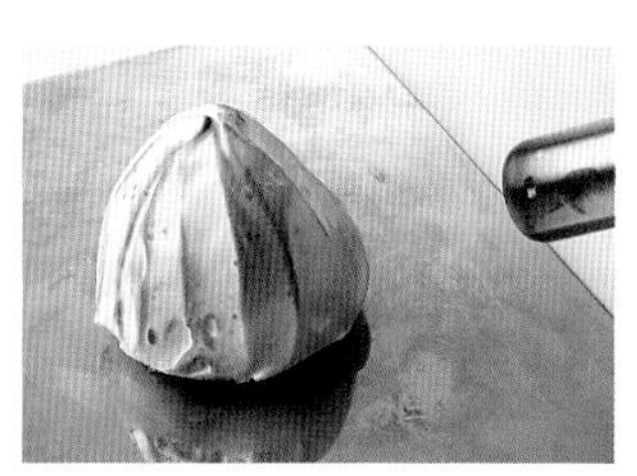

整體沾裹均勻後再燒成焦色。接著用濾茶網輕輕撒入裝飾用糖粉。

描繪圖案後再燒出焦色

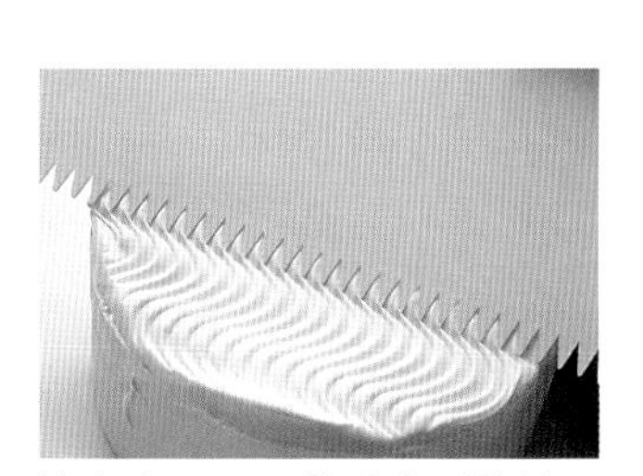

沾裹表面，用裁成山形的梳子描繪如波浪般等喜歡的圖案。

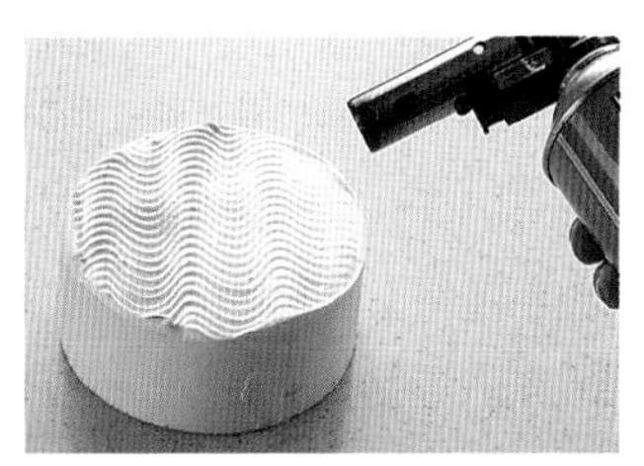

用噴火槍燒成焦色後，圖案即會浮現出來。

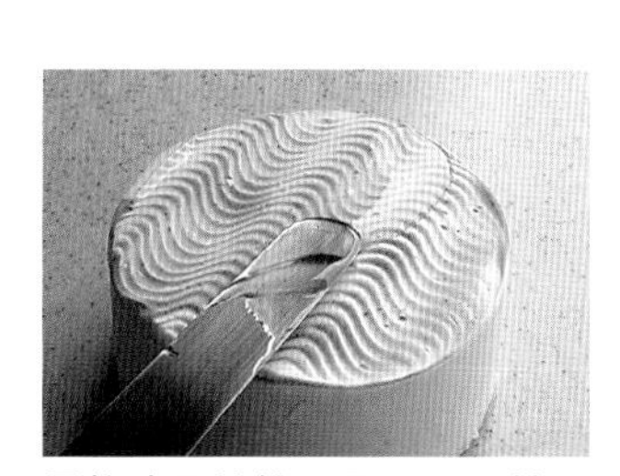

擺放適量的鏡面果膠，以抹開方式進行沾裹。但不可用力，以免破壞下層的蛋白霜圖案，要注意。

紅色的覆盆子會從香香甜甜的椰子慕斯中探頭。
慕斯也含有義大利蛋白霜，所以口感相當輕盈！

材料 (直徑5.5cm的空心模4個份)

法式拇指餅乾
- 蛋白……1個
- 砂糖……30g
- 蛋黃……1個
- 低筋麵粉……30g

椰子粉……30g

糖粉……適量

義大利蛋白霜(慕斯和裝飾用)
- 砂糖……60g
- 水……20g
- 蛋白……30g

可可慕斯
- 椰奶粉……35g
- 砂糖……10g
- 牛奶……50g
- 明膠粉……3g
- 水……15g
- 香草精……少許
- 鮮奶油(結實打發起泡)……60g
- 義大利蛋白霜(從上記)……30g

覆盆子(冷凍)……12粒

覆盆子果醬……20g

裝飾
- 義大利蛋白霜……慕斯使用剩
- 裝飾用糖粉……適量
- 草莓、覆盆子、冷凍紅醋栗……各適量

鏡面果膠……適量

薄荷……適量

作法

1 參照94頁製作法式拇指餅乾麵糊。

2 麵糊裝入套8mm圓形擠花嘴的擠花袋，在烤箱紙上以橫向直線擠出20cm寬度，並形成片狀般儘量擠完，縱長約達22cm。

3 整個表面撒上椰子粉，再用濾茶網均勻撒入糖粉，放進180度的烤箱烤約10分鐘。放涼。

4 切出側面25cm寬的帶子。底部用直徑4cm圓形模壓出。兩者都以撒椰子粉那面當外側，鋪在空心模裡。

5 (參照P45)。保留慕斯用份量，其他放入冷藏庫冰涼。

6 製作可可慕斯。把椰奶粉和砂糖混合，慢慢加入牛奶加以溶解。再邊加入用水泡軟後又經微波溶解的明膠邊攪勻。

7 連同容器墊在冰水上，用橡皮刮刀慢慢混合成濃稠狀。再加入香草精。

8 結實打發起泡的鮮奶油和義大利蛋白霜輕輕拌合，倒入7中，用打蛋器攪勻。

9 把慕斯倒入空心模到6分滿，用湯匙背部以摩擦側面方式抹高到邊緣，使正中央形成凹陷狀。

10 覆盆子直接以冷凍狀態拌入覆盆子果醬中，每份各放入2、3粒。

11 倒入剩餘的慕斯，上面抹平，放入冷藏庫冰涼、凝固。

12 從模具取出，上面沾裹薄層的義大利蛋白霜。

13 接著用8mm圓形擠花嘴在邊緣擠出重疊的兩圈，用噴火槍燒成焦色。用濾茶網輕輕撒上裝飾用糖粉(**圖1~3**)。

14 點綴草莓、覆盆子、紅醋栗，再塗抹鏡面果膠，擺放薄荷裝飾。

椰奶粉。使用3~4倍的熱水溶解，即成標準的椰奶。若用牛奶來溶解，風味更濃醇。雖方便取用，但容易潮濕、結塊，所以需要密封保存。

以固定的力量依據擠花嘴的粗細，擠出重疊的兩層。

要注意避免噴火槍接觸到慕斯部分。

在隱約可看到焦色的狀態下撒入少量的裝飾用糖粉。同時要輕輕地擺放水果，以免破壞蛋白霜。

擠出義大利蛋白霜後再燒成焦色

馬修利卡

Mashouricas

B 難易度

這是從比利時糕點「蘭寇・朵兒」變化而成的夏日甜點。
酥脆的派餅盒中充滿豐富的卡斯達醬和水果，
最後再用義大利蛋白霜整個包覆起來。

材料 (約11×20cm的長方形1個份)

派餅盒
- 冷凍派皮(市售) …… 12×21cm 長方形重約100g的1片
- 蛋白(接著用) …… 適量
- 餅乾(其他糕點用剩的或者碎塊都可以) …… 適量

檸檬・卡斯達醬
- 西點・克林姆
  - 牛奶 …… 125g
  - 蛋黃 …… 1個
  - 砂糖 …… 30g
  - 低筋麵粉 …… 8g
- 明膠粉 …… 3g
- 水 …… 15g
- 檸檬汁、磨泥的檸檬皮 …… 各1/2個份
- 鮮奶油(結實打發起泡) …… 100g

香蕉(1cm厚的切片) …… 1根
草莓(1cm厚的切片) …… 約中形8粒

裝飾
- 義大利蛋白霜(參照P45份量製作) …… 適量
- 裝飾用糖粉 …… 適量
- 喜歡的水果(草莓、冷凍紅醋栗、覆盆子、葡萄) …… 各適量
- 鏡面果膠 …… 適量
- 香葉芹 …… 適量

作法

1 將派餅盒成型、烘烤。把從冷凍庫拿出解凍過的派皮，四邊各切掉1~2㎜，從內側從中央切取8×17cm的長方形(剩下12×21cm，寬2cm的外框)。

2 把切取出的長方形用桿麵棍縱橫桿平每片各為12×21cm。用叉子在上面戳洞。接著用蛋白貼合在**1**的外框上。

3 重疊的周圍切面，用刀子縱向細劃刀痕(為了在烘烤的時候，能夠平均浮高)。放進200度的烤箱烤約25分鐘。放涼後，在底部鋪上餅乾(**圖1**)。

4 製作檸檬卡斯達醬。參照94頁製作西點克林姆，趁熱加入用水泡軟後再微波溶解的明膠攪勻。再加入檸檬汁和磨泥的檸檬皮。

5 連同容器墊在冰水中，用橡皮刮刀混合。接著加入結實打發起泡的鮮奶油，再改用橡皮刮刀拌合。

6 將1/3量的檸檬卡斯達醬裝入派餅盒裡，整平，擺放香蕉。再擠入1/3量的檸檬卡斯達醬，擺放草莓。剩餘的檸檬卡斯達醬包覆般全面塗抹，形成梯形。放入冷藏庫冰涼、定型。

7 義大利蛋白霜參照45頁打發起泡。用抹刀全面性覆蓋在**6**的上面，沾裹成漂亮的梯形(**圖2**、**3**)。

8 用噴火槍燒成焦色(**圖4**)，輕輕撒入裝飾用糖粉。最後點綴喜歡的水果、鏡面果膠、香葉芹。

烘烤派頂的中途，若是正中央膨脹起來，就用湯匙背部輕輕壓平以免浮高。餅乾要用防潮種類。

用剛完成的蛋白霜來沾裹。太厚層會太甜，但太薄層會有光禿感，要注意。

為了做出美麗的角度，必須細心整理形狀。

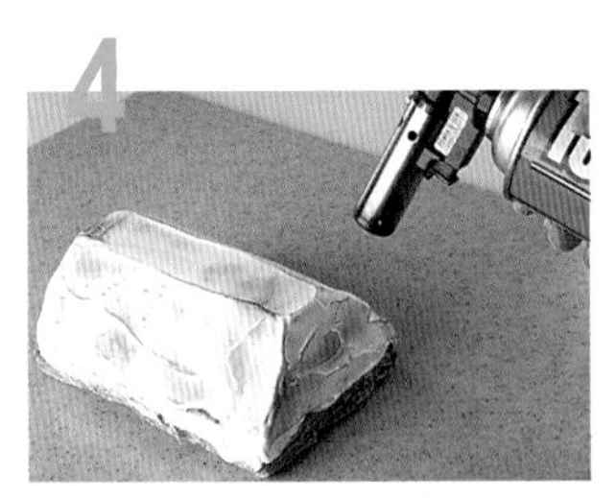

噴火槍除了能製造焦色外，也有穩定蛋白霜的效果。

沾裹義大利蛋白霜後
再塑型

伊索德

Iseult

C 難易度

法國糕點師必備的工具 ❶

噴火槍

用途

幫義大利蛋白霜、水果著上焦色，或幫砂糖焦糖化是法國糕點師製作糕點所不可或缺的工具。

要從空心模中取出慕斯或奶凍時，用噴火槍輕燒一下，就能漂亮脫模。

分為會噴火的上部和瓦斯罐兩部分，瓦斯用完時只要更換瓦斯罐部分即可。建議使用附點火裝置的較方便。

使用時的注意事項

由於是靠瓦斯點燃，所以作業上要十分小心。避免附近有易燃物，並在防火的作業台上作業較安全。

購買時，請仔細閱讀操作說明書，以防範燒傷、瓦斯漏氣等危險的發生。

從模具取出

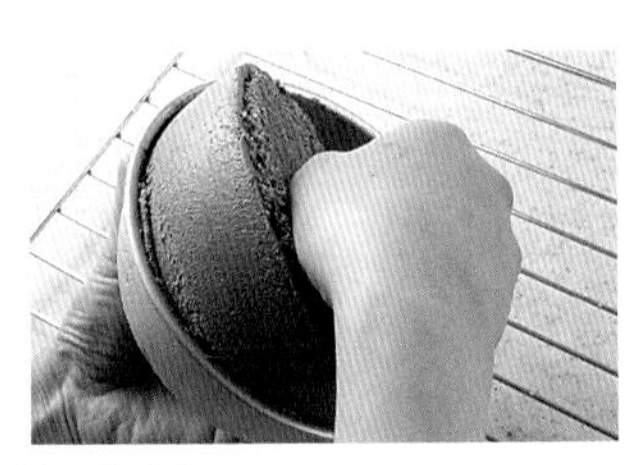

輕燒模具周圍即可。燒太久會使糕點溶解，
所以請邊觀察狀態邊作業！
從下以壓擠出糕點般脫模。

燒水果

將洋梨、杏子、鳳梨等罐頭水果或香蕉，先燒出焦色再裝飾更漂亮顯目。但是罐頭水果先用紙巾擦乾水分才能燒出焦色。由於置放的基座也會燒出焦色或變形，所以準備舊盤子當噴火專用基座。

焦糖化

也常常用來幫香草克林姆或夾心用克林姆燒成焦色。撒上糖粉等製作焦色時，可以反覆噴火幾次，製作焦糖層。但是不要部分性焦化，全面性均勻噴火才是要訣。

5 亮晶晶的巧克力色彩！鏡面巧克力

Glacage Chocolat

用巧克力製作的巧克力鮮奶油型

特徵

巧克力利用溫熱的鮮奶油加以溶解、乳化，簡單製作而成的鏡面巧克力(有光澤的液體)。

多半使用甜味巧克力，但有時也使用白色巧克力或者牛奶巧克力來製作。總之使用良質巧克力，才是味美的塗層素材。

因添加的鮮奶油量比松露巧克力的巧克力糖的鮮奶油量多，具備流動性。也因此需要調節到容易進行塗層或沾裹的硬度才能夠使用。

而且不像一般塗層用巧克力或西洋新鮮巧克力一般，經過冷卻即會固化變硬，而是一直保持著柔軟的狀態，可說是非常適合以蛋糕為主體的糕點的鏡面巧克力。

塗層過的糕點，放入冷藏庫冰涼後，難免會逐漸乾燥喪失光澤，所以在提供給客人前才做裝飾為宜。

保存

用保鮮膜緊緊包住，就可在冷藏庫保存4~5天。冷凍則可保存2週。放入冷藏庫或放在適溫解凍，調整好溫度和濃度後才能使用(參照P54)。

用可可粉製作的鏡子型

特徵

將牛奶、砂糖、可可粉加以熬煮，加明膠粉固化而成的鏡面巧克力。

最大的特徵是成品像鏡子一般帶著光澤。因砂糖和可可經過熬煮，所以像漆一般的黑色光澤能持續很久。

這類型的鏡面巧克力經過冷卻也一樣不會變得僵硬，依舊像果凍般柔軟。適合當作冷凍的慕斯或奶凍的塗層。

因抹在冷凍糕點上馬上會凝固，所以想順利塗層需要懂得一些技巧。含有濃郁的可可味，故要注意避免塗抹太厚。

保存

和巧克力鮮奶油一樣。

巧克力 鮮奶油型 製作

材料（完成量200g）
甜味巧克力
（可可份55~60%）……100g
鮮奶油……100g

甜味巧克力切碎，放入容器。鮮奶油煮沸，倒入甜味巧克力中。

靜置1分鐘，等鮮奶油傳熱。從中央畫小圓圈一般，用打蛋器慢慢攪勻。為使甜味巧克力溶解、乳化，逐漸大幅度攪拌，直到整體漂亮地乳化。但攪拌時動作要輕，避免混入氣泡。

均勻乳化的巧克力鮮奶油。溫熱時是稀稀的狀態，若要使用，要先放涼到適當的濃度。或直接放入冷藏庫，使其固化。

兩種類型 都要在使用前 調整好溫度和濃度

鮮奶油巧克力型和鏡子型兩者都會在剛做好時或加熱時具備流動性，然而太稀很難進行沾裹，即使塗層也會流落。另外，若冷藏保存或放置冷卻，卻會逐漸凝固。

所以使用時，必須先放在適溫下調節濃度。

冷卻

連同容器墊在冰水中，避免產生氣泡下，用橡皮刮刀邊輕輕混合邊降低溫度，調整到最佳的濃度。

加熱

連同容器一起進行隔水加熱，避免產生氣泡下，用橡皮刮刀邊輕輕混合邊調出最佳的濃度。用微波爐加熱也可以，但避免加熱過度。

鏡子型
製作

材料（完成量180g）

牛奶	130g
砂糖	90g
可可粉	30g
明膠粉	3g
水	15g

1

在大一點的鍋裡李放入牛奶、砂糖、可可粉，開中火，邊煮邊用打蛋器攪拌。

2

等可可溶解開始沸騰之後，邊使用耐熱的橡皮刮刀攪拌邊熬煮。必須要煮熬到份量變少、產生黏度為止。注意加熱時避免燒焦，基準設在103度。

3

熄火，退高溫。在開始變涼時，加入用水泡軟的明膠，攪拌溶解。

4

經過濾茶網壓擠過濾，去除結塊的可可或明膠。

5

若直接放置，表面會產生皮膜或結塊，所以要用保鮮膜直接貼面覆蓋。

Point

充分放涼
調節好溫度
和濃度後才使用

使用
鏡面巧克力
的高明技巧

進行沾裹

如同鏡面果膠一般，使用抹刀沾裹在糕點表面(參照P8)。但鏡面巧克力一旦冷卻即會迅速凝固，所以沾裹的動作要一氣呵成。

結束沾裹後馬上連同基座和糕點一起，在作業台上敲一敲，很快地塗抹的痕跡即會消失。

在平坦的表面進行沾裹時，鏡面巧克力可以稀軟一點，多倒一些，多餘的從空心模邊緣切斷，然後輕輕敲一敲。那麼之後脫模時，鏡面巧克力就不會附著在側邊。

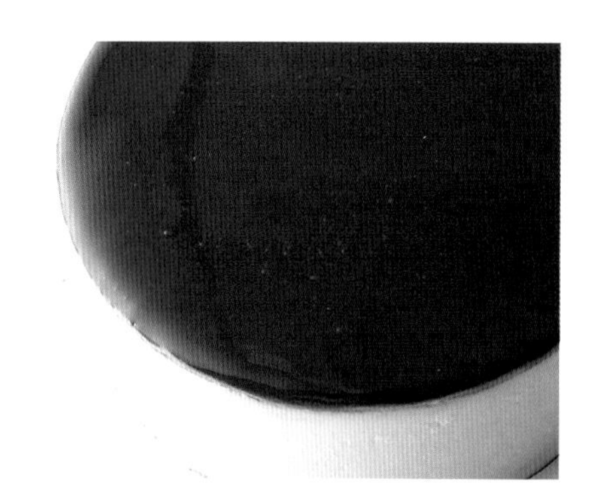

進行塗層時

和鏡面果膠一樣淋在冷凍的慕斯或奶凍上，全面進行塗層(參照P11)。

平坦的糕點上，倒入後馬上在上面輕輕進行沾裹，讓多餘的鏡面巧克力流落。然後，連同基座和糕點一起在作業台上敲一敲，充分去除多餘的鏡面巧克力。

在大型容器或盤子上擺放蛋糕架。還不熟悉時，一次從冷凍庫拿出1~2個糕點來進行。從略上方，將溫度調節好的鏡面巧克力一口氣從中央以畫圓圈般倒入。倒多一點較不會失敗。

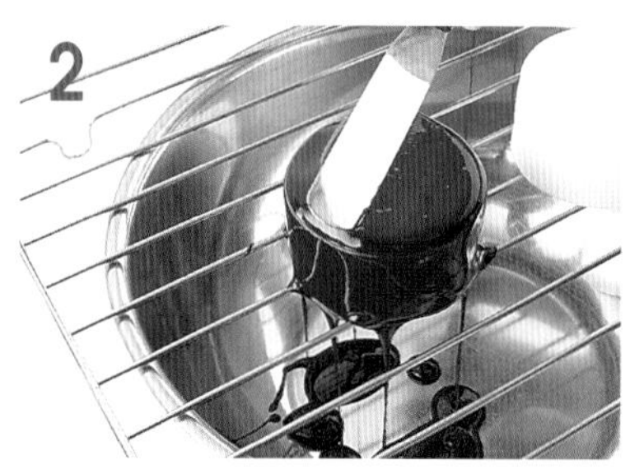

平面的糕點，上面容易堆積變厚，所以要用抹刀輕輕沾裹，去除多餘的鏡面巧克力。不過沾裹多次，會殘存塗痕，或者大力沾裹會導致下層蛋糕裸露出來，都要注意。

為了去除多餘的鏡面巧克力，讓上面平整，要連同蛋糕架一起輕敲。附著在邊緣的鏡面巧克力則用抹刀小心刮除。移到金色托盤等。這時使用2根抹刀較方便移動作業。

使用鏡子型
常會失敗的例子

鏡面巧克力太熱，導致濃度不夠的失敗例子。鏡面巧克力會流落，所以塗層變薄，產生稜角。

把冷凍過的糕點放在適溫會產生結霜現象，若以此狀態淋上鏡面巧克力，即會如上圖般流落下來。所以只能從冷凍庫取出即將作業的份量。

鏡面巧克力太涼，導致濃度過高的失敗例子。因延伸度差，所以多餘的鏡面巧克力無法流落，形成塗層太厚。即使重新塗層依舊會如此。

倒入鏡面巧克力後，重覆沾裹而產生塗痕的失敗例子。由於倒入冷凍糕點時會馬上凝固，所以儘可能一氣呵成。

右是成功的例子，左是失敗的例子。塗層太厚時，鏡面巧克力的風味會變強，而喪失整體的平橫感。

Point

挑戰幾次後即能掌握到
最佳的溫度、狀態
膽大心細
是完成本項作業的要訣

以巧克力鮮奶油型的鏡面巧克力來塗層

C. F.

巧克力蛋糕裡夾著覆盆子果醬和巧克力鮮奶油，
再全面用鏡面巧克力塗層。
但首先把利口酒風味的賓治充分滲入蛋糕更是個重點。

材料 (長徑13cm的橢圓形空心模1個份)

巧克力蛋糕
- 全蛋 …… 60g
- 砂糖 …… 50g
- 甜味巧克力(可可份55%) …… 30g
- 無鹽奶油 …… 50g
- 低筋麵粉 …… 30g
- 可可粉 …… 20g

巧克力鮮奶油型的鏡面巧克力
- 甜味巧克力(可可份55%) …… 80g
- 鮮奶油 …… 80g

賓治(混合備用)
- 覆盆子利口酒 …… 30g
- 水 …… 30g

覆盆子果醬 …… 45g

裝飾
- 裝飾用巧克力(圓，參照P77。龍捲風，參照P80)、噴霧金箔 …… 各適量

作法

1 烤巧克力蛋糕。全蛋中加入砂糖，隔水加熱邊用打蛋器攪拌邊加溫到約40度。

2 改用手提攪拌器打發起泡到變白，而且舀起會如緞帶般滴落的程度。

3 把甜味巧克力和無鹽奶油一起隔水加熱溶解，再加入**2**中輕輕拌勻。

4 加入混合過篩的低筋麵粉和可可粉，用橡皮刮刀混合到不結塊。

5 倒入以鋁箔為底的空心模，放進180度的烤箱烤約25~30分鐘。上下翻面、放涼。

6 參照54頁製作巧克力鮮奶油型的鏡面巧克力。先預留夾心、鋪底所要用的60g，等放涼到可進行沾裹的軟硬度。

7 從巧克力蛋糕和空心模之間插入刀子，從空心模中取出蛋糕，上面薄薄切掉一層使其平坦。翻面，橫切兩半。

8 在當作下層的巧克力蛋糕上，用毛刷塗抹1/3量的賓治，使其滲入蛋糕。然後塗抹覆盆子果醬。

9 在另一片巧克力蛋糕的切面塗抹1/3量的賓治。同一面再用少量從**6**預留的鏡面巧克力加以沾裹，接著從上重疊塗抹覆盆子果醬。讓覆盆子果醬和巧克力鮮奶油成為巧克力蛋糕的夾心餡料。

10 使用少量剩餘的鏡面巧克力填補側面或上面的凹洞，接著以整平方式進行薄層沾裹(**圖1**)。

11 把剩餘的鏡面巧克力調整為適當軟硬度，從上倒入，整體進行塗層(**圖2**)。

12 側邊黏貼圓形的裝飾用巧克力，上面擺放龍捲風形的裝飾用巧克力(**圖3**)，最後點綴噴霧金箔。

1

以填補巧克力蛋糕側邊、上面的氣泡洞程度，仔細進行薄層沾裹，把表面整平。若有凹洞，在倒入鏡面巧克力後會殘存凹痕。

2

雖然不像鏡子型那般會馬上凝固，但是淋上巧克力鮮奶油型的鏡面巧克力之後，也要迅速從上面、側邊進行沾裹，儘快完成作業。

3

龍捲風裝飾用巧克力十分脆弱，故要用筷子穿過，再撕開膠片，然後輕輕擺放到糕點上。

鏡面巧克力

A 難易度

焦糖慕斯中含有煎過的香蕉和蘭姆酒葡萄乾。
而夾雜在餅乾裡的杏仁粒，
不僅帶來口感，也是一種裝飾。

材料 (小淚滴形的空心模6個份)

法式巧克力拇指餅乾
- 蛋白……2個
- 砂糖……60g
- 蛋黃……2個
- 牛奶……15g
- 低筋麵粉……48g
- 可可粉……12g

杏仁粉……40g

煎香蕉
- 香蕉……1小條
- 砂糖……10g
- 泡蘭姆酒的葡萄乾(切細)……10g

焦糖慕斯
- 砂糖……30g
- 水(焦糖用)……少許
- 鮮奶油……45g
- 砂糖(炸彈麵糊用)……30g
- 水(炸彈麵糊用)……10g
- 蛋黃……1個
- 明膠粉……3g
- 水……15g
- 鮮奶油(結實打發起泡)……120g

香蒂利巧克力
- 甜味巧克力(可可份55%)……20g
- 鮮奶油……60g

鏡子形的鏡面巧克力
- 牛奶……43g
- 砂糖……30g
- 可可粉……10g
- 明膠粉……1g
- 水……5g

裝飾
- 可可粉
- (不易溶解的裝飾用巧克力)……適量
- 裝飾用巧克力(羽，參照P76)
- 金箔……適量

作法

1 參照94頁製作法式巧克力拇指餅乾麵糊。在此把蛋黃和牛奶混合。
2 麵糊分別放在2片烤箱紙上，各用抹刀抹開成22×22cm左右大小。其中一片全面撒上杏仁粒。
3 放進190度的烤箱烤約7~8分鐘。烤好後，從烤盤取出，上面覆蓋烤箱紙防範乾燥下放涼。
4 放涼後，從杏仁粒的餅乾上切6片側邊用2.5cm寬的帶子。把有杏仁粒的那面密貼在模具側邊般鋪上。
5 另一片則切出比模具略小的底用餅乾，放入模具中。
6 製作煎香蕉。香蕉切成5mm厚度的半月形薄片，放入平底鍋加砂糖一起輕輕煎過。然後加入切碎的蘭姆酒葡萄乾，熄火、放涼。
7 製作焦糖慕斯。砂糖中放入少量的水熬煮，做成紅茶色的焦糖。熄火，加入鮮奶油(直接用液體狀)均勻攪拌、放涼。
8 參照94頁製作炸彈麵糊。加入用水泡軟後再微波溶解的明膠和**7**的焦糖。
9 連同鍋子墊在冰水中，用橡皮刮刀慢慢攪拌到濃稠狀。
10 加入結實打發起泡的鮮奶油，用打蛋器攪勻。
11 在鋪餅乾的模具底層裏撒入煎香蕉。再倒入焦糖慕斯，把上面抹平，放入冷藏庫冰涼、凝固。
12 製作香蒂利巧克力。在加熱到45度的溶解巧克力中倒入半量打發起泡到會慢慢流落的稀軟狀鮮奶油，用打蛋器攪勻。
13 全倒回裝剩餘鮮奶油的容器中，稍微用打蛋器攪拌後，改用橡皮刮刀拌勻。
14 用8mm的圓形擠花嘴，在從模具取出的焦糖慕斯周邊擠花(**圖1**)。再用濾茶網全面撒入可可粉(**圖2**)。
15 參照55頁製作鏡子型的鏡面巧克力。調整為稀軟狀態，用湯匙舀入慕斯的中央(**圖3**)。
16 最後點綴裝飾用巧克力、金箔。

保持擠花嘴的粗細，斟酌固定力量擠出。

可可粉要使用不易溶解的裝飾專用種類，才能持久。

調成稀軟狀態後再滴落於中央凹陷處。

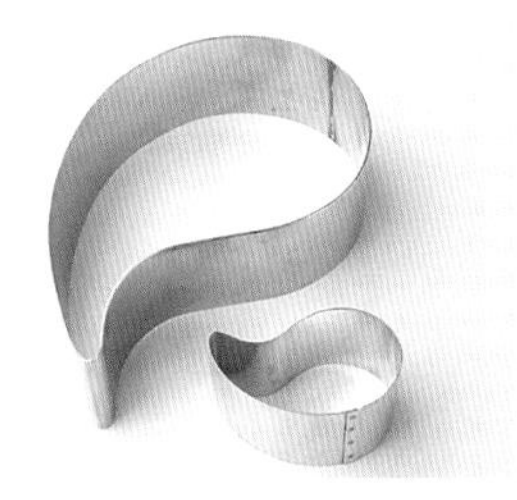

淚滴形的空心模。形狀可愛，把簡單的糕點做成這種形狀，感覺煥然一新。從模具中取出時，要小心作業，避免損壞纖細的尖端部分。

倒入鏡子型的鏡面巧克力

愛萊特

Ailette

C 難易度

材料 (底直徑12.5cm的拱形模1個份)

法式巧克力拇指餅乾

- 蛋白……1個
- 砂糖……30g
- 蛋黃……1個
- 低筋麵粉……24g
- 可可粉……6g

賓治(混合備用)

- 蘋果利口酒……15g
- 水……25g

香蒂利牛奶巧克力

- 牛奶巧克力……20g
- 鮮奶油……35g

含炸彈麵糊的巧克力慕斯

- 砂糖……20g
- 水(炸彈麵糊用)……7g
- 蛋黃……1個
- 明膠粉……3g
- 水(明膠用)……15g
- 甜味巧克力(可可份55%)……50g
- 鮮奶油(打發5分的濃稠度)……150g

鏡子型的鏡面巧克力

- 牛奶……130g
- 砂糖……90g
- 可可粉……30g
- 明膠粉……3g
- 水……15g

裝飾

- 裝飾用巧克力(羽，參照P76)、噴霧金箔、金箔……各適量

作法

1. 參照94頁製作法式巧克力拇指餅乾麵糊。
2. 裝入套8㎜擠花嘴的擠花袋，在烤箱紙上擠出直徑12㎝以及中層用8㎝的渦捲狀圖案。
3. 放進180度的烤箱烤約10分鐘。兩片都用毛刷沾賓治刷過，使其滲入香氣。
4. 製作香蒂利牛奶巧克力。在加熱到45度的溶解巧克力中倒入半量打發起泡到會慢慢流落的稀軟狀鮮奶油，用打蛋器攪勻。全部倒回裝剩餘鮮奶油的容器中，稍微用打蛋器攪拌後，改用橡皮刮刀輕輕拌勻。
5. 製作含炸彈麵糊的巧克力慕斯。參照94頁製作炸彈麵糊。
6. 加入用水泡軟後再微波溶解的明膠邊攪勻。
7. 以約45度溶解的巧克力中加入半量打發5分的鮮奶油，輕輕拌合後，倒回裝剩餘鮮奶油的容器中。在此加入**6**的炸彈麵糊，用打蛋器攪拌到無結塊。
8. 把巧克力慕斯倒入拱形模形約6分滿。用湯匙背部以摩擦側面方式抹高到邊緣，使正中央形成凹陷狀。
9. 把8㎝的法式巧克力拇指餅乾翻面，輕輕壓入凹陷處。裡面也要用毛刷沾賓治刷入香味。
10. 平整地倒入香蒂利牛奶巧克力。
11. 把剩餘的巧克力慕斯倒到模具的邊緣為止。底用的餅乾翻面覆蓋其上，放入冷凍。
12. 確實凝固後，用噴火槍輕輕燒過，然後以滑動方式從模具取出。表面若有凹洞，要用抹刀填補整平，然後再次等表面凝固，在稍微冷凍備用(**圖1**)。
13. 參照55頁製作鏡面巧克力。放涼增加濃度後從周圍淋入(**圖2**、**3**)。
14. 上面點綴噴霧金箔、金箔，周邊插入裝飾用巧克力(**圖4**)。

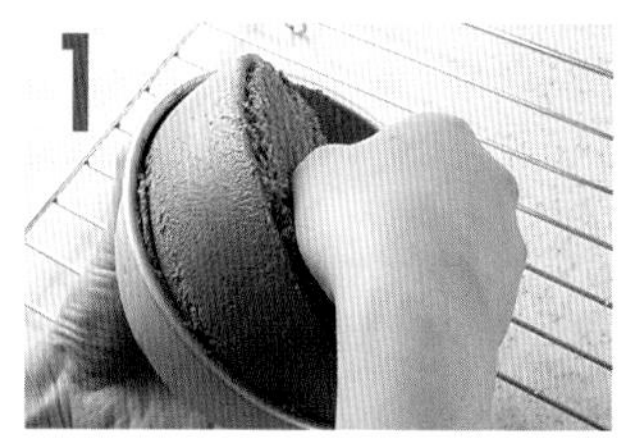

溫熱模具，以滑動方式順利脫模。若表面不平整或有凹洞，要仔細用抹刀整理。

從中心以螺旋狀大量淋入，較不容易失敗。

讓鏡面巧克力自然流落，最後再輕輕敲敲，去除多餘的部分。

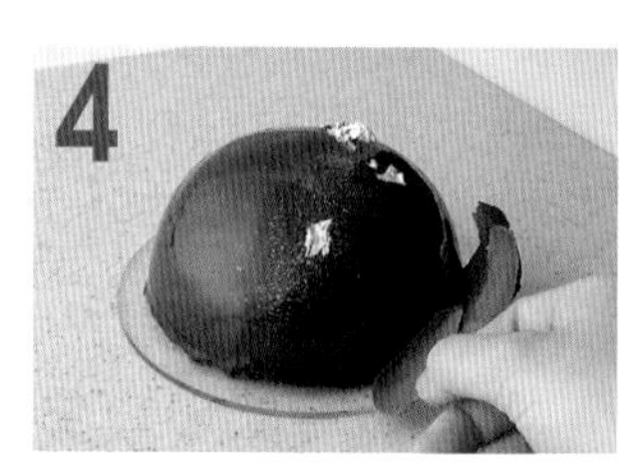

噴霧金箔容易順勢大量噴出，所以要邊轉動邊噴霧，最後再插入裝飾用巧克力。

以鏡子型的鏡面巧克力來塗層

黑色太陽

Soleil Noir

含有炸彈麵糊的柔軟巧克力慕斯上面，
重疊著牛奶巧克力的克林姆，還有蘋果利口酒的香氣。
閃爍著黑色光芒的成品，猶如一顆「黑色太陽」。

法國糕點師必備的工具 ❷

金箔和噴霧金箔

用途

作為糕點的頂飾，可以讓外觀更加地華麗。點綴在鏡面巧克力或咖啡色的鏡面果膠上，更顯得古典。

可以食用，而且對身體是毫無害處的。

使用時的注意事項

金箔非常輕薄又會飛舞，所以使用鑷子等進行裝飾作業較方便。也可用竹籤或筷子尖端沾抹裝飾。

但沾抹金箔的面積太小就不明顯、不漂亮。尤其充當甜點的裝飾重點時，更要大膽塗抹才有奢華感。

噴霧金箔是裝在噴霧罐出售的裝飾用霧狀金箔。做裝飾時，要儘量接近糕點上噴霧。

有時用鑷子或筷子夾起金箔後卻無法甩落，所以只可夾住金箔的一小端，讓飄動的另一端貼附在糕點上。

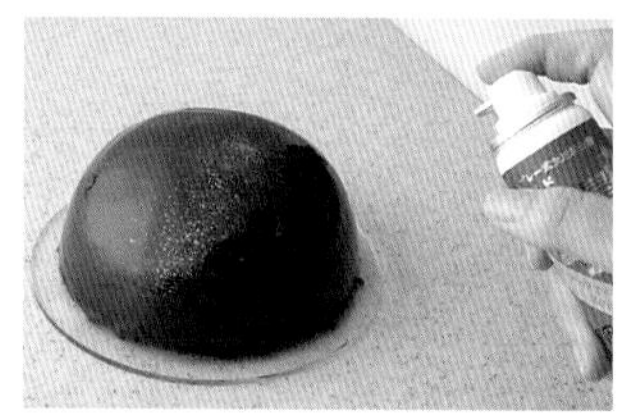

在大面積上噴霧時，保持一點距離。但做定點裝飾時，則要近距離操作。

6

糕點上的新潮藝術！用巧克力畫圖

Dessiner avec du chocolat

特徵

使用溶解的巧克力或巧克力鮮奶油在慕斯或奶凍的表面繪圖作裝飾。上面再用鏡面果膠增加光澤即是美麗的藝術品。

從專業用具到身邊的器具，下些功夫活用各種工具來畫圖吧！在此是使用能清楚展露圖案的甜味巧克力當素材。

溶解的巧克力放入冷藏就會凝固僵硬，所以直接用毛刷描繪，或先畫在蛋糕膠片上再貼附糕點側邊就能輕鬆完成。

若使用巧克力鮮奶油，要先在透明玻璃紙上畫圖案，在把糕點倒放在其上面。經過冷凍，撕開玻璃紙，巧克力鮮奶油的圖案即會轉印出來。

而且從圖案上切分糕點時，也不會損壞巧克力鮮奶油的圖案，可保持美麗。

必要的工具

粗梳子

畫粗的直線或曲線。三邊都可個別使用，山型鋸齒狀部分可在克林姆或蛋白霜上畫圖案(參照P47)。

細梳子

除了糕點專用品外，也可利用身邊物品。橡膠製的防震軟墊可畫出細線條。

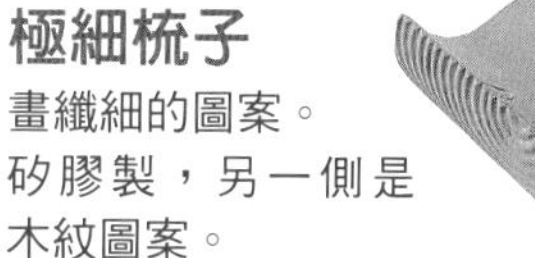

極細梳子

畫纖細的圖案。矽膠製，另一側是木紋圖案。

毛刷

在烤製糕點上畫毛刷紋路的圖案。使用在巧克力上時，必須充分乾燥才行。

透明玻璃紙

用來轉印巧克力圖案，或製作裝飾(參照P74)。把市售的包裝用玻璃紙，裁切成方便使用的大小即可。

用溶解的巧克力來畫

巧克力的正確溶解方法

把切碎的巧克力，或者顆粒狀的巧克力放入容器。另一容器燒開水，開始冒氣泡時熄火，把裝巧克力的容器放進熱水中，隔水加熱。偶而用橡皮刮刀輕輕攪拌溶解。

如果容器在隔水加熱中持續開火，或者使其沸騰提升溫度，或者熱水進入巧克力中，都有危險性。大約加熱到50度以上，品質狀態就會變差，要注意。

均勻溶解之後，放涼到還沒凝固的程度。

使用毛刷來畫

在冷凍或者半冷凍的慕斯或奶凍表面，用溶解的巧克力來畫圖案，由於基台已經過冷凍，所以圖案會馬上凝固。再從上淋入鏡面果膠即成。

用毛刷等素材畫出流蘇圖案會感到更漂亮。

用梳子在蛋糕膠片上畫線再捲包起來

使用美工刀裁切蛋糕膠片，使其寬度和糕點的高度一致。長度則和糕點的周長相同。貼附在盤子等平台上避免滑動。

溶解的巧克力用抹刀平塗在蛋糕膠片上，再用梳子拉出條紋圖案。

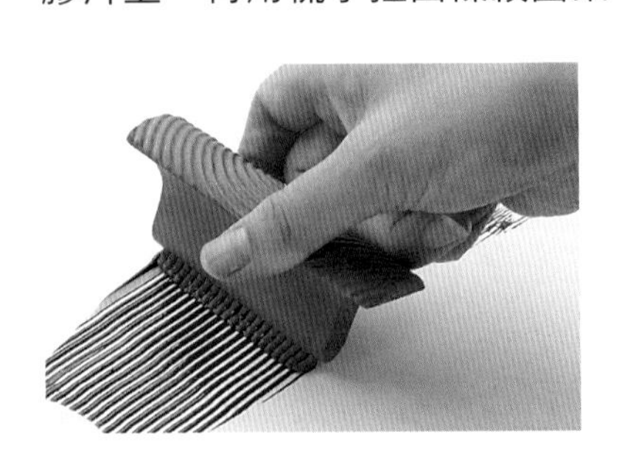

從平台上拿起蛋糕膠片，在避免破壞圖案下緊密捲包在慕斯或奶凍的側邊。由於是直接貼在冷凍過的糕點，所以會馬上凝固。但是，若是膠片貼歪，或者開始捲包時就破壞了圖案，之後便無法再矯正，所以必須一次就成功的做好。

放入冷藏庫充分冰涼後，撕開蛋糕膠片，條紋圖案即會轉印到糕點上。

用巧克力鮮奶油來畫

轉印在糕點上

空心模
避免移動
要注意！

參照54頁製作巧克力鮮奶油 。因為太熱，圖案會流動，所以要放涼到還沒凝固的程度。

把玻璃紙密貼在盤子上避免移動。用抹刀把適量的巧克力鮮奶油平塗在玻璃紙上，再用梳子畫出喜歡的圖案。因為巧克力鮮奶油不會馬上凝固，所以萬一失敗，也可以矯正幾次。

空心模穩定擺好，放入冷藏。要注意空心模不可移動。再依據完成品的相反程序(從上而下)來完成糕點。

放入冷凍庫凝固。若不經冷凍，巧克力鮮奶油的圖案無法漂亮地轉印在糕點上，而且撕開玻璃紙時也會有沾黏現象。從冷凍庫拿出糕點，馬上翻面，一口氣撕掉玻璃紙。

把撕開玻璃紙的面朝上，沾裹鏡面果膠即成。

Point

趁尚未溶解時
以縱向撕開！

靠梳子的粗細畫出各種圖案

粗梳子可畫出清楚的直線

細梳子可畫出流動狀的波浪

極細梳子可畫出藝術圖案

由草莓和葡萄柚兩層慕斯組合的小型巧克力蛋糕。
並且用紅色鏡面果膠和巧克力鮮奶油
描繪直線的裝飾圖案。

材料 (直徑5.5cm的空心模4個份)

法式拇指餅乾

- 蛋白……1個
- 砂糖……30g
- 蛋黃……1個
- 牛奶……5g
- 低筋麵粉……30g

裝飾用的巧克力鮮奶油

- 甜味巧克力(可可份55%)……20g
- 鮮奶油……20g

草莓慕斯

- 草莓(冷凍的仙客仙客納種)……100g
- 砂糖……30g
- 明膠粉……4g
- 水……20g
- 檸檬汁……5g
- 鮮奶油(結實打發起泡)……60g

酸味慕斯

- 蛋白……20g
- 砂糖(蛋白霜用)……12g
- 葡萄柚果汁……35g
- 磨泥的葡萄柚皮……1/6個
- 砂糖……8g
- 明膠粉……3g
- 水……15g
- 鮮奶油(結實打發起泡)……40g

草莓(冷凍的仙客仙客納種、冷狀狀態切兩半)……6粒

裝飾

- 紅色鏡面果膠(參照P6)……適量
- 草莓(冷凍的仙客仙客納種)、覆盆子、冷凍紅醋栗……各適量
- 香葉芹、金箔……各適量

作法

1 參照94頁製作法式拇指餅乾麵糊。這裡是把蛋黃和牛奶一起加入。
2 把麵糊鋪在烤箱紙上，用抹刀抹開成20×22cm左右。
3 放進190度的烤箱烤約8~9分鐘。烤好後，從烤盤取出，上面覆蓋烤箱紙防範乾燥下放涼。
4 底用直徑5cm，中層用直徑3.5cm模具各壓出4個。
5 參照54頁製作巧克力鮮奶油 。把巧克力鮮奶油塗抹在玻璃紙上，用粗梳子畫圖案。蓋上空心模，冰涼、凝固(參照P67)。
6 製作草莓慕斯。草莓解凍，用果汁機打成果汁狀。
7 邊加入砂糖、用水泡軟後再微波溶解的明膠、檸檬汁，邊攪勻。連同容器墊在冰水上，用橡皮刮刀攪拌到濃稠狀。
8 加入結實打發起泡的鮮奶油，用打蛋器攪拌到無結塊。
9 平鋪倒入**5**的模具中。擺放中層用餅乾，放進冷凍庫。
10 製作酸味慕斯。蛋白打發起泡到產生量感後，加砂糖繼續打發起泡成結實的蛋白霜。使用半量的16g。
11 把葡萄柚果汁、磨泥的葡萄柚皮和砂糖混合，再邊加水泡軟後又微波溶解的明膠邊攪勻。連同容器放在冰水，用橡皮刮刀攪拌到濃稠狀。
12 用打蛋器混合結實打發起泡的鮮奶油和16g的蛋白霜，然後倒進**11**的果汁裡，攪拌到無結塊。
13 倒入**9**的模具，再分別壓入3片切兩半的草莓。
14 擺放底用的餅乾，輕壓密貼。放進冷凍庫確實凝固(**圖1**)。
15 翻面，一口氣撕掉玻璃紙。沾裹紅色鏡面果膠。脫模(**圖2**、**3**)。
16 最後點綴水果、香葉芹和金箔。

冷凍的仙客仙客納種草莓。是原產於東歐的品種，顆粒雖小，但打成果汁時，顏色十分鮮豔，還帶有香氣、酸味。買不到時可用普通草莓(新鮮或冷凍均可)取代。打成果汁後，加些覆盆子混合，可補充顏色和酸味。

1

由於是上下顛倒置放，所以用盤子從上面抵住後再翻面較容易。

2
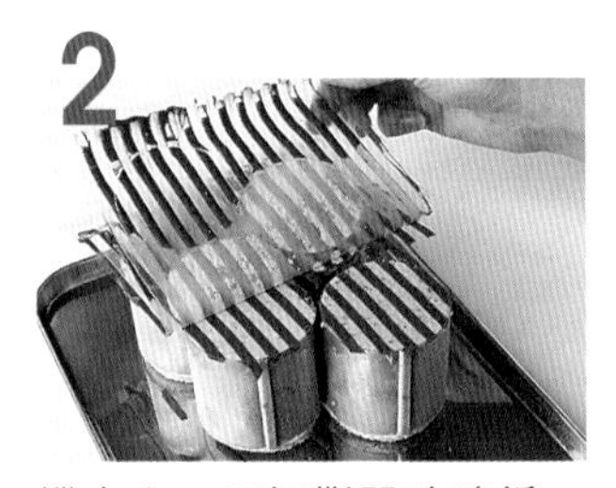
縱方向一口氣撕開玻璃紙。若空心模周邊附著鏡面果膠，則用抹刀去除。

3

沾裹稍為厚層，成品會更加綺麗。

A 難易度

用粗梳子畫出直線的巧克力圖案

美美 MeMe

軟綿綿的巧克力蛋糕裡夾著酥脆脆的千層酥和巧克力鮮奶油，
整個再用香噴噴的焦糖咖啡慕斯包覆起來。
是味道和口感都與眾不同的甜點。

材料 (長徑13cm的橢圓形空心模1個份)

巧克力蛋糕
- 全蛋 …… 30g
- 砂糖 …… 30g
- 無鹽奶油 …… 25g
- 甜味巧克力(可可份55%) …… 15g
- 低筋麵粉 …… 15g
- 可可粉 …… 10g

千層酥
- 牛奶巧克力 …… 5g
- 果仁糖泥(參照P22) …… 10g
- 脆片(參照P83) …… 15g

巧克力鮮奶油
(裝飾用和夾心用，參照P54製作)
- 甜味巧克力(可可份55%) …… 40g
- 鮮奶油 …… 40g

焦糖咖啡慕斯
- 砂糖(焦糖用) …… 30g
- 水(焦糖用) …… 少許
- 鮮奶油 …… 30g
- 蛋黃 …… 1個
- 砂糖(炸彈麵糊用) …… 30g
- 水(炸彈麵糊用) …… 10g
- 明膠粉 …… 3g
- 水(明膠用) …… 15g
- 即溶咖啡 …… 3g
- 熱水 …… 10g
- 鮮奶油(結實打發起泡) …… 120g

裝飾
- 鏡面果膠 …… 適量
- 即溶咖啡、熱水 …… 各適量
- 加可可粒的焦糖裝飾物(參照P87) …… 4~5片
- 榛果、美洲山核桃、金箔 …… 各適量

作法

1 參照58頁烤巧克力蛋糕、放涼。在此是以180度，烤約14~16分鐘。
2 蛋糕周圍先切掉1cm，然後分切成2片。蛋糕十分脆弱，要小心作業。
3 製作千層酥。把牛奶巧克力和果仁糖泥混合，隔水加熱溶解，接著加入脆片混合均勻。
4 把**3**平鋪抹開在下層的巧克力蛋糕上。
5 把半量的巧克力鮮奶油塗抹在上層的巧克力蛋糕上。然後翻面覆蓋在**4**的千層酥上，當作夾心。放進冷藏庫冰涼。
6 把剩餘的巧克力鮮奶油倒在玻璃紙上，用粗梳子畫波浪圖案。蓋上空心模，冷藏備用(參照P67)。
7 製作焦糖咖啡慕斯。砂糖加少量的水熬煮，做成紅茶色的焦糖。熄火，加入鮮奶油(直接以液體狀態使用)，攪拌均勻、放涼。
8 參照94頁製作炸彈麵糊。然後加入用水泡軟後再微波溶解的明膠，以及**7**的焦糖。
9 接著加入用熱水溶解的即溶咖啡。連同容器墊在冰水上，用橡皮刮刀攪拌到濃稠狀。
10 加入結實打發起泡的鮮奶油，用打蛋器攪拌到無結塊。
11 把焦糖咖啡慕斯倒入模具，用湯匙背部以摩擦側面方式抹高到邊緣，使正中央形成凹陷狀。
12 把**5**的夾心用巧克力蛋糕翻面，壓入凹陷中。放進冷凍確實凝固。
13 一口氣撕掉玻璃紙，圖案即會附著在上面。用鏡面果膠、熱水溶解的即溶咖啡畫圖案(**圖1~3**)。
14 刺入加可可粒的焦糖裝飾物，再點綴榛果、開心果和金箔。

橢圓形的空心模。有各種尺寸和形狀。使用在凡奈莎(參照P30)的是前端變尖的橢圓形。

1 抵住盤子翻面，縱向撕開玻璃紙。

2 塗抹鏡面果膠製造光澤。

3 利用咖啡色可加深整體的紋路，讓整體看起來更典雅。

用粗梳子畫波浪圖案，再用鏡面果膠做成大理石紋

塔蜜雅 Tamia

在微苦的香蒂利巧克力中搭配覆盆子。
不僅內部含有覆盆子果粒，
連鏡面果膠也加入覆盆子果粒來強調酸味和口感。

材料 (1邊3cm的六角形空心模4個份)

聖法利內巧克力餅乾
- 蛋白 …… 1個
- 砂糖 …… 30g
- 蛋黃 …… 1個
- 可可粉 …… 13g

香蒂利巧克力
- 甜味巧克力(可可份55%) …… 80g
- 鮮奶油 …… 150g

覆盆子(冷凍) …… 12粒

覆盆子鏡面果膠
- 覆盆子果醬 …… 20g
- 覆盆子(冷凍) …… 20g

裝飾
- 甜味巧克力(畫線用) …… 適量
- 覆盆子、冷凍紅醋栗 …… 各8粒
- 切碎的開心果、金箔、裝飾用巧克力(環，參照P80) …… 各適量

作法

1 參照94頁製作聖法利內巧克力餅乾的麵糊。
2 把麵糊鋪在烤箱紙上，用抹刀抹開成20×24cm、5mm厚。
3 連同烤箱紙擺在烤盤上，放進200度的烤箱烤約7~8分鐘。烤好後，從烤盤取出，上面覆蓋烤箱紙防範乾燥下放涼。
4 用六角形的空心模壓出8片。其中1片餅乾鋪在模具底部。
5 製作香蒂利巧克力。把切碎的巧克力隔水加熱到約45度加以溶解。
6 倒入半量打發起泡到會慢慢流落的稀軟狀鮮奶油，再用打蛋器攪拌至呈現甘那許(ganache)狀。
7 全部倒回裝剩餘鮮奶油的容器中，稍微用打蛋器攪拌後，改用橡皮刮刀拌勻。但攪拌過度會產生分離現象，要注意。
8 把香蒂利巧克力裝入套8mm圓形擠花嘴的擠花袋中，擠入**4**的模具約一半高度為止。
9 各擺放3粒的覆盆子，輕輕壓入。然後平坦覆蓋另一片餅乾。
10 擠入剩餘的香蒂利巧克力，用抹刀抹平。為了方便脫模，放進冷凍。
11 製作覆盆子鏡面果膠。把材料混合，用微波爐加熱。沸騰時從微波爐拿出充分攪勻，放涼(**圖1**)。
12 以稍微厚層的程度沾裹在香蒂利巧克力上面(**圖2**)。
13 模具先用噴火槍或瓦斯爐火輕燒一下，再脫模。
14 把溶解的甜味巧克力倒在蛋糕膠片上，用梳子畫條紋圖案(參照P66)，並捲包起來(**圖3**)。
15 最後點綴覆盆子、紅醋栗、切碎的開心果、金箔和裝飾用巧克力。

添加覆盆子顆粒的鏡面果膠，不僅增加口感，也有醬汁的作用。

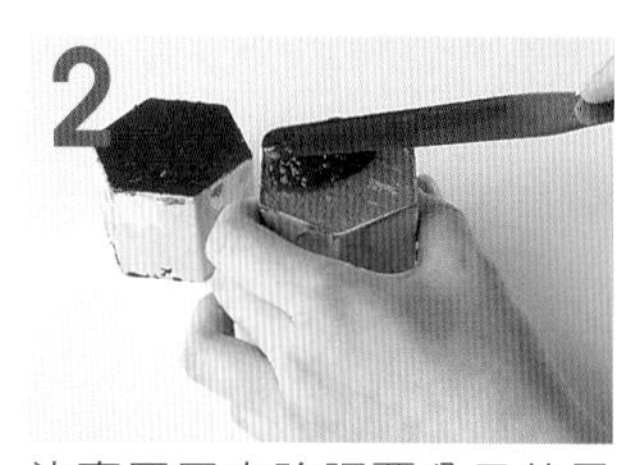

沾裹厚層來強調覆盆子的風味和酸味。

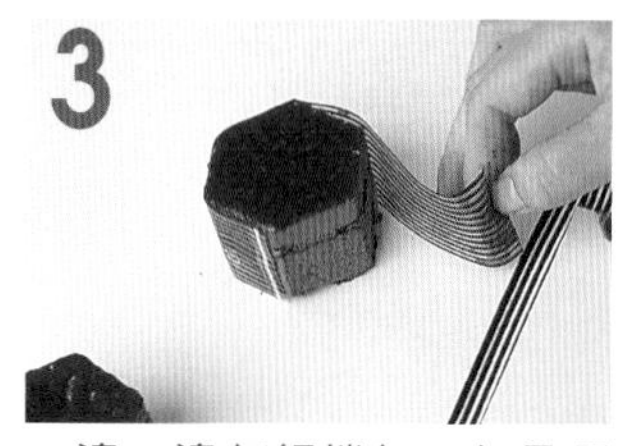

一邊一邊仔細捲包。如果馬上擠壓，圖案會模糊掉。

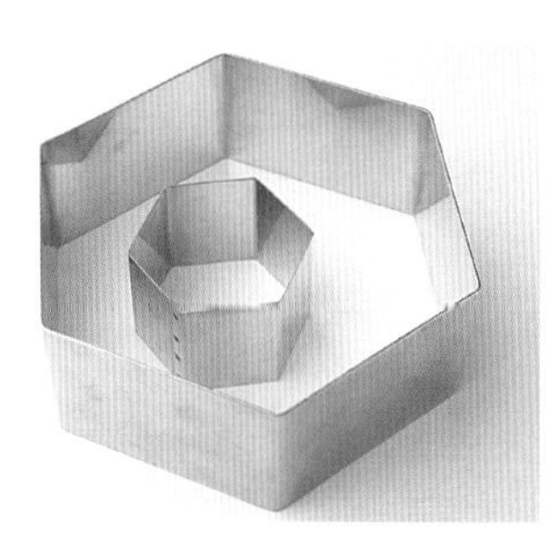
六角形的空心模。小型的用在22頁的露德維卡 、92頁的教堂。為使角度線條俐落呈現，壓模時都要垂直按壓。從模具拿出糕點時，要以半冷凍狀態才能漂亮脫模。大型的用在18頁的桑尼亞。

畫出極細線條
在側邊製作直線圖案

麗莎 Risa

7

用庫維曲巧克力製作的糕點飾品

裝飾用巧克力

Decor Chocolat

用途

使用可可份多的良質庫維曲巧克力製作的精緻、有藝術風格的飾品，稱為裝飾用巧克力。配合成品的色調，區分使用甜味巧克力或白色巧克力。

可以擺放在沾裹鏡面果膠的慕斯上，或者插在鮮奶油擠花上……。想想看如何藉由這般裝飾，達成和高級糕點師並駕齊驅的裝飾水平。

只要學會調溫作業，再下些功夫即能創作各種特別的造型。像在玻璃紙上畫圖一般，盡情挑戰吧！

特徵

用庫維曲巧克力製作飾品前，最重要的是稱為調溫的溫度調整作業。

巧克力一旦溶解過，即使直接放涼凝固，也無法恢復原狀。因為調溫錯誤，會浮現稱為粉背的白色結晶，或無法完全凝固等非常微妙的變化。

經過適度調溫完成的裝飾用巧克力，會固化變硬，而且會閃爍漂亮光澤。話雖如此，但裝飾用巧克力是非常纖細、脆弱的，只是手的溫度就會使其溶解，所以擺放在糕點上時務必小心。

有時邊拿在手上邊考慮裝飾方法當中，就會從拿著的部位開始溶解！因此進行細膩裝飾時，最好使用鑷子。

保存

原料的庫維曲巧克力，應保存在15度以下的陰暗處。夏天要放在冷藏庫蔬菜室等不會過度冰冷的地方。懼怕溫度變化和濕度，所以要確實密封，且趁早用完。大約可保存6個月。

完成的裝飾用巧克力應連同玻璃紙一起放入密封容器等保存。夏天放進冷藏庫，但容易吸收異味，要留意。

注意事項

由於製作庫維曲巧克力的廠商眾多，所以出售的種類不勝枚舉，價格落差也大。

其中甜味巧克力因可可份高達55~60%左右，較容易使用。值得推薦。

調溫的技巧

調溫有好幾種方法。
在此要介紹的是巧克力量少，家庭方便實行的方法。

溶解

參照P66頁，隔水加熱溶解巧克力。最少準備200g較方便作業。加熱到巧克力溫度到45~50度為止(白色巧克力或牛奶巧克力則到40~42度)。

為了要防範蒸氣滲入，把隔水加熱的鍋子和裝巧克力的容器儘量使用相同大小。

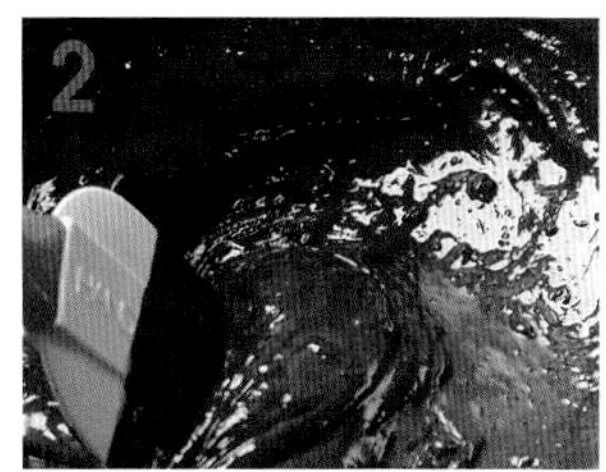

冷卻

接著降低巧克力溫度。在另一容器裝放進3~4個冰塊的冷水，把裝巧克力的容器墊在冰水中。注意避免水進入容器。

會從周圍開始冷卻，用橡皮刮刀慢慢地攪拌，為了避免產生氣泡，動作要輕。溫度逐漸下降時，會因濃度增加而變重。

為了怕會冷卻過度，一開始出現濃度時就拿離冰水，冷度不足時再重放冰水中，以這種方式邊觀察狀況邊降溫到27度左右。

加熱

再一次隔水加熱，提高溫度。隔熱水，邊攪拌邊溶解巧克力。

最後加熱到31~32度(白色巧克力或牛奶巧克力則到30度)，沒有結粒的巧克力。如果超過以上的溫度時，則請繼續加熱到45~50度為止，從頭重新作業。

作業中也要保持溫度，若降溫凝固之後，也用同法加熱，再恢復溫度。

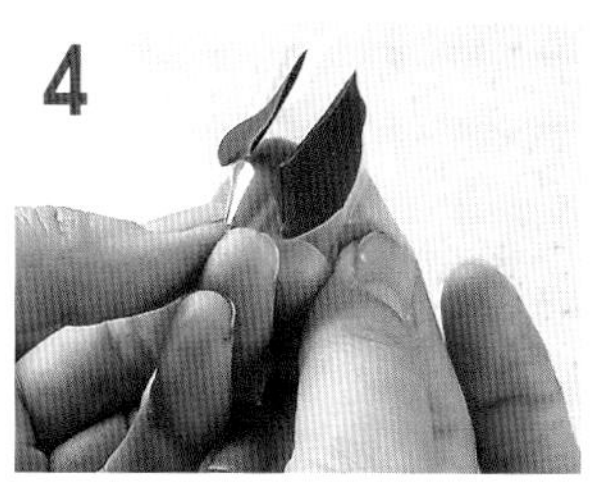

測試

測試看看調溫是否正確。在蛋糕膠片上塗抹少量調溫過的巧克力。置放在陰涼場所。

一會兒後，巧克力即會凝固，周圍的膠片會稍微萎縮。如果沾黏在膠片的那面產生光澤，就表示調溫成功。

常見的調溫失敗例子

溫度調整錯誤，就無法製作美麗的飾品。故要再次溶解，重新進行調溫作業。

無法從膠片上分離，很快變軟的狀態。

因為糖份或脂質浮出，產生稱為粉背的白色斑駁圖案。

吹風機是方便的工具

作業中若巧克力溫度下降，導致從容器周圍開始凝固，或者沾黏在器具的巧克力固化時，可以用吹風機的熱風改善。由於在微調巧克力溫度時，不會使溫度急遽竄升，所以相當方便。但是禁止吹風太久。

製作裝飾用巧克力的高明技巧

用手指畫圖案

使用調溫過的巧克力，
在透明膠片上或蛋糕膠片上描繪圖案。

羽

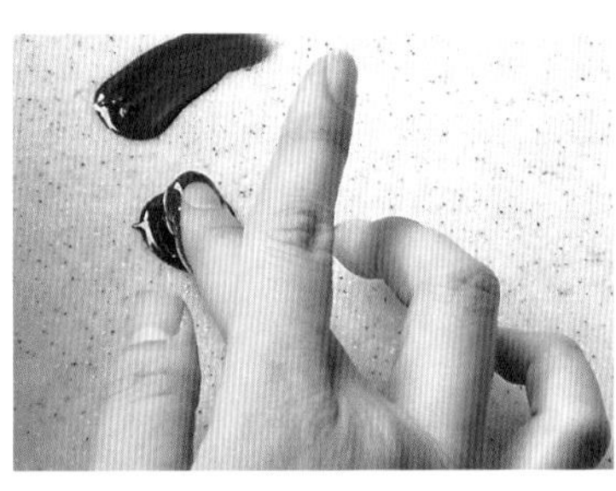

把透明的膠片密貼在作業台上。再用中指沾巧克力，置放在膠片上。

像羽毛般輕輕地拉出圖案。圖案有強弱之分才漂亮，但是如果用力摩擦，顏色會變淡或出現龜裂狀。

先畫羽毛，使其呈現捲曲狀下凝固。

捲羽

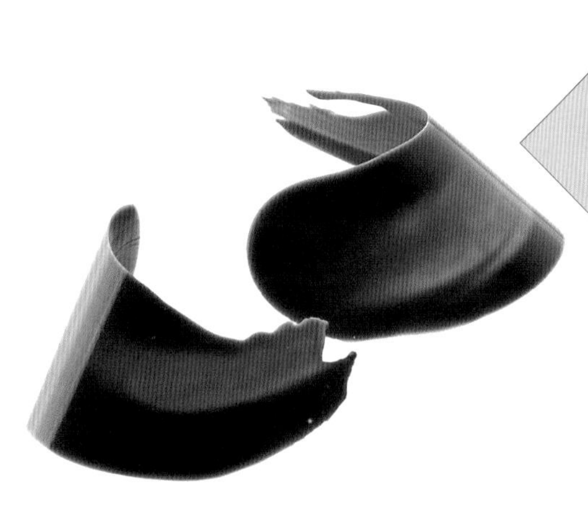

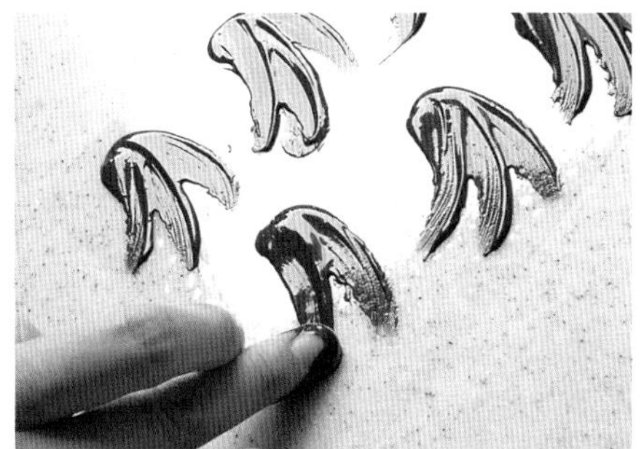

重疊3片羽狀般的圖案。這也可做成捲曲狀。

旋轉般畫出圓形。中心稍微淡些，即會呈現漂亮的透明感。

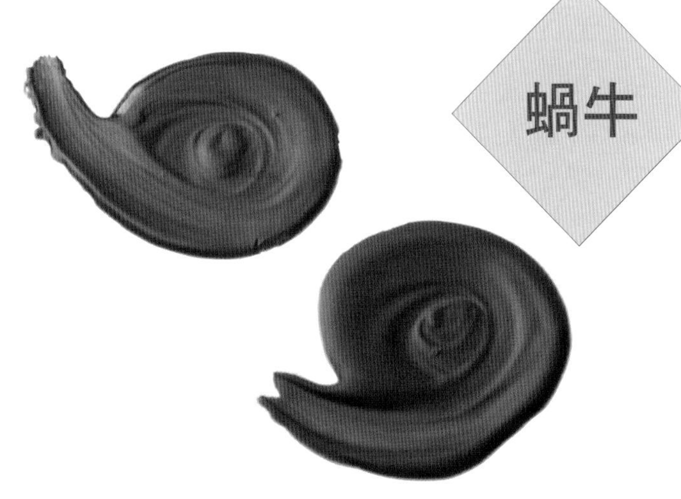

畫圓到最後，以像寫9字一般拉出尾巴。

用梳子畫圖案

使用65頁介紹的梳子來創作各種造型。在此介紹的是細梳子的應用法。由於經過調溫的巧克力，塗開後會迅速凝固，所以動作必須迅速流暢才行。

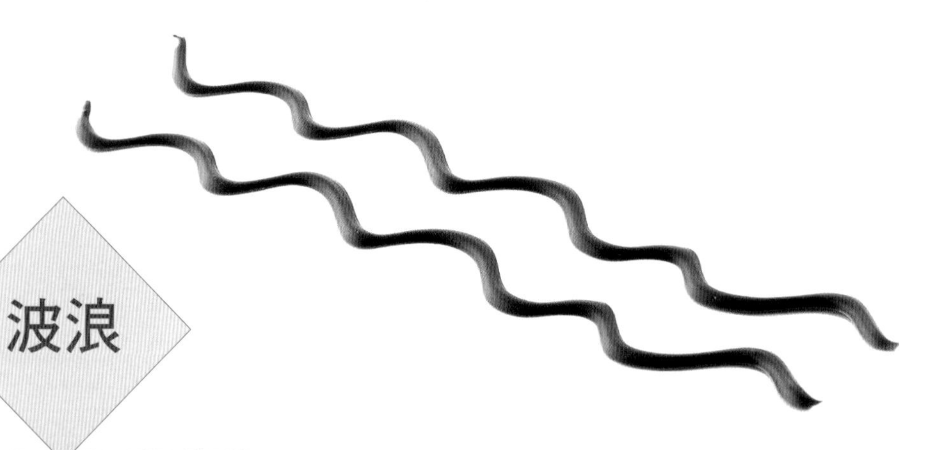

波浪

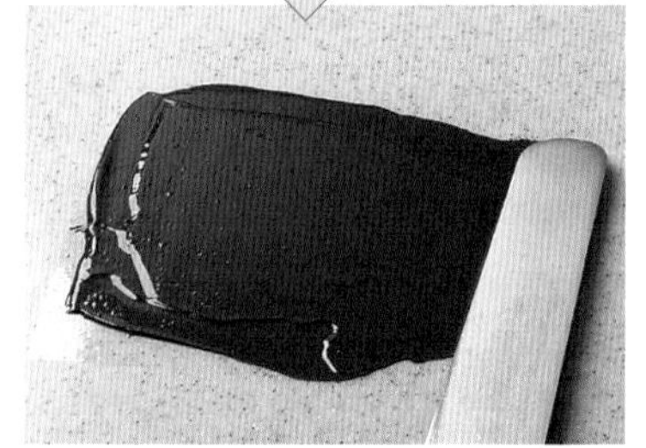

透明膠片密貼在作業台上，用抹刀將調溫過的巧克力抹開。

馬上用梳子畫出波浪圖案。

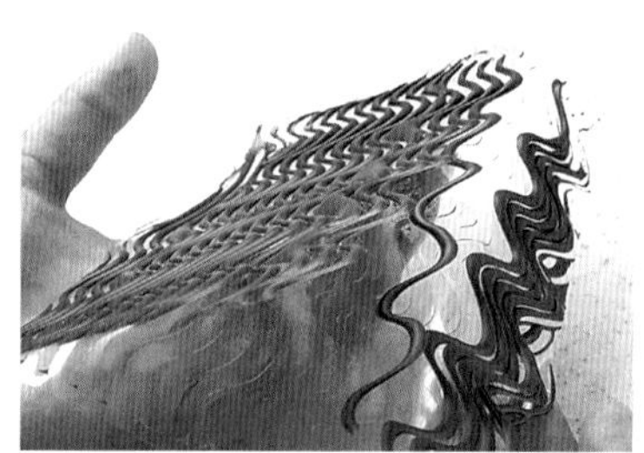

直接靜置固化，凝固後才保存。使用時從玻璃紙上撕開。

翼

用抹刀將巧克力以縱長形滴落在玻璃紙上。

從正中央用梳子以畫半圓方式抹開。這也可做成捲曲狀。

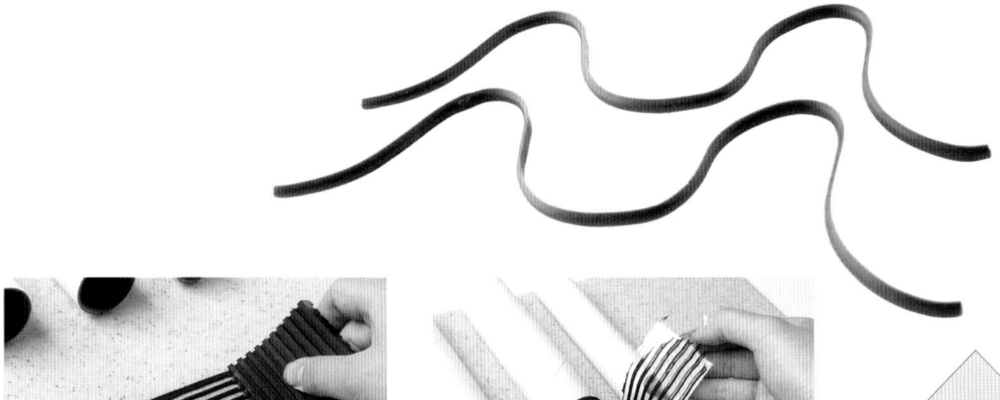

把蛋糕膠片密貼在作業台上，用刮板將巧克力塗開。然後馬上用梳子橫向拉出直線。

從作業台上拿起蛋糕膠片，略乾後，擺放在數根桿麵棍或保鮮膜芯等圓筒上製作波浪圖案，直接靜置固化。由於乾燥後就無法彎曲成波浪而且容易斷裂，所以要在適當的時機進行彎曲作業。

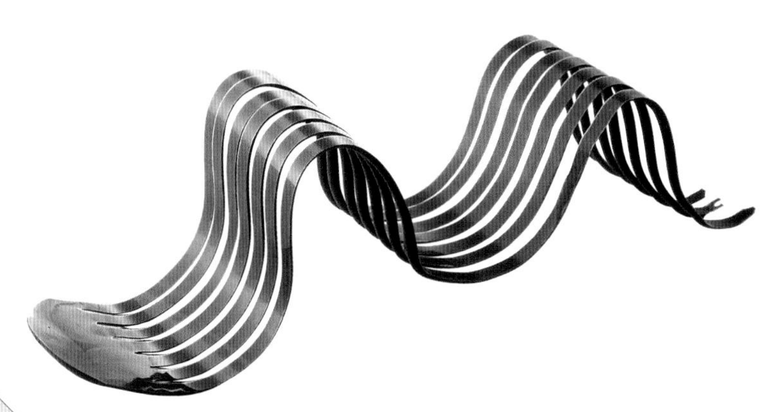

連續波浪

要領和製作大波浪時相同，但用梳子拉直線時，端邊要保留7㎜左右才開始進行。

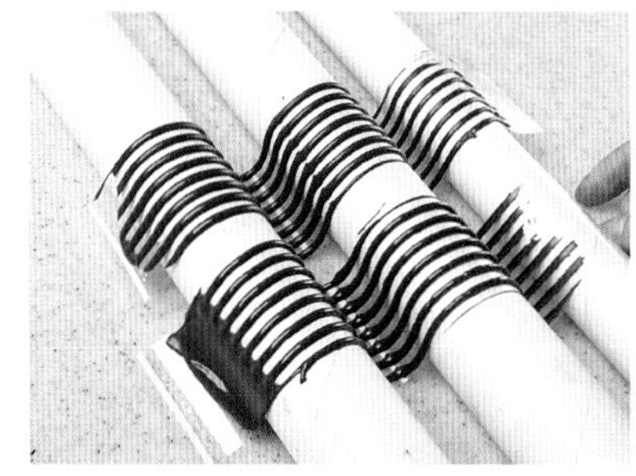

擺放成波浪狀等待凝固。撕開膠片後避免凌亂下可連接成大型飾品。

龍捲風

把蛋糕膠片密貼在作業台上，用刮板塗開巧克力，邊端保留7㎜左右，馬上用梳子橫向拉出直線。

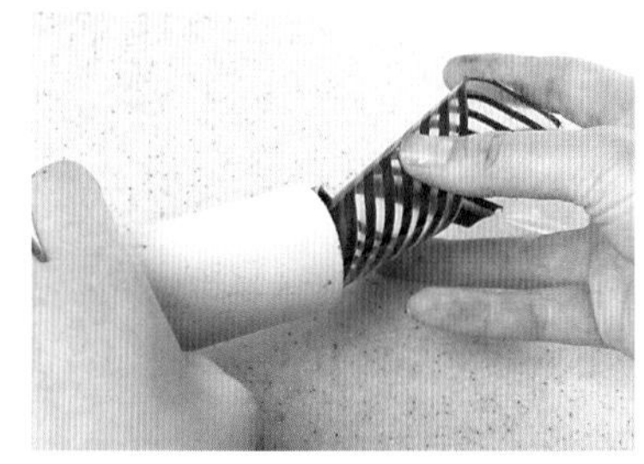

略乾後在避免重疊下，把直線圖案朝內側捲入圓筒內，直接靜待固化。

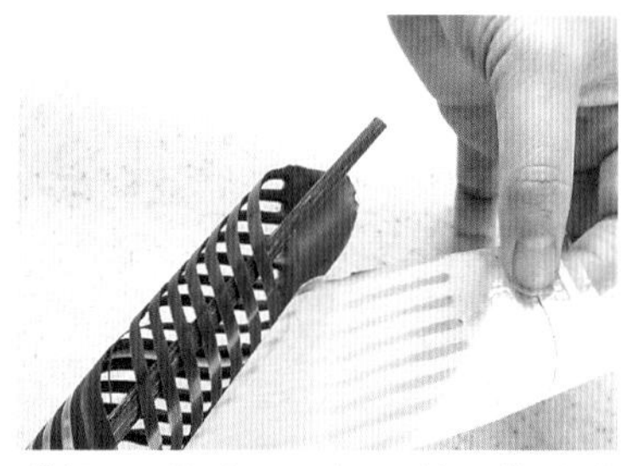

撕開膠片時，要插入筷子等棒狀物，然後從連接的部分開始撕開。

環

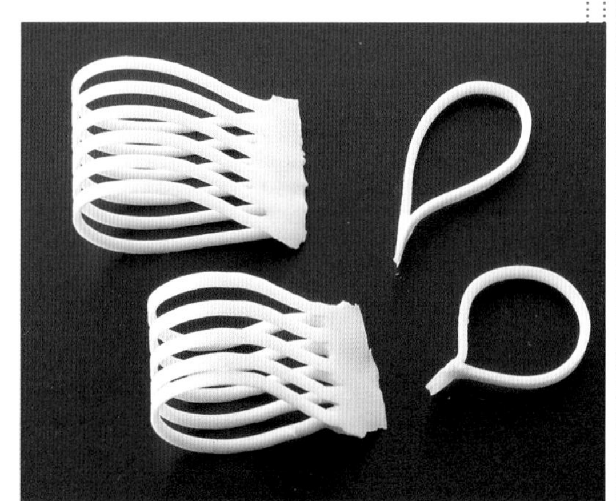

把蛋糕膠片裁成12㎝長，用梳子畫出直線。

略乾後，把兩端貼合。短的膠片，也可捲成圓圈狀。

法國糕點師必備的工具 ③

蛋糕膠片和金色托盤

蛋糕膠片

用途

觀看法國糕點店的櫥窗，會發現每個糕點幾乎都捲著蛋糕膠片。因為放在冷藏庫中會變得乾燥，或容易附著異味，所以才在糕點的切面或周圍捲上膠片來防範。

而且還能避免攜帶回家途中，糕點在盒子內彼此碰撞受損。

家中的法國糕點師也一樣，想贈送他人糕點時，也請使用蛋糕膠片來包裝吧！那麼連外觀都能媲美糕點店的商品。

漂亮捲包膠片的要訣是膠片的寬度要比糕點的高度小一點。因為膠片若比糕點周邊還高的話，俐落的邊線就無法看到。為此，膠片太寬時必須用美工刀裁剪。

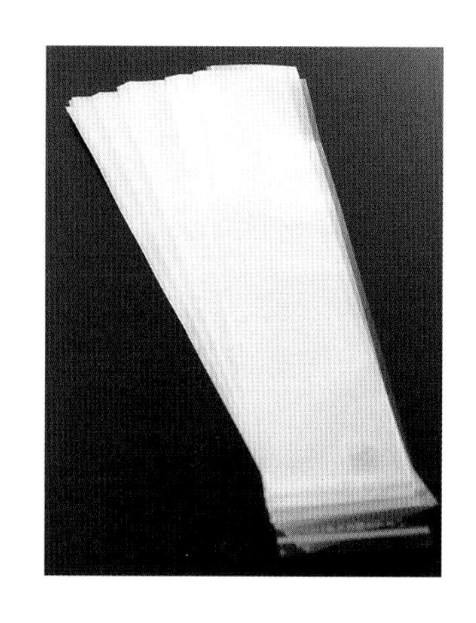

金色托盤

用途

主要用來盛裝小蛋糕等糕點。也可用鋁盤盛裝，但金色托盤看起來更加正式。

尤其是用鏡面果膠或鏡面巧克力裝飾的糕點，托盤還能防範汁液流落。

除了圓形之外，還有正方形、橢圓形等。另有甜點專用的大型金色底紙。

8

看起來漂亮 吃起來美味！

口感十足的裝飾

Decor Croquant

特徵

法國糕點師傅的糕點，除了講究味道、香氣之外，也追求美好的口感。濃郁奶香中的酥脆口感，也能成為整體風味的焦點。

而用來裝飾的飾品，除了添增美觀外，也能充當具備口感的好吃素材，製作出毫不輸給糕點店的西點。

雖然採用市售的頂飾素材即可輕鬆玩裝飾。但自己製作，更能提昇水準。

在一段時間裏為了能夠常保酥酥脆脆的口感，請保存在密閉容器裡，並儘量在食用前才打開。把適合糕點風味、口感的素材加以組合挑戰裝飾吧！

首先使用市售品

可可粒

原料

將巧克力原料的可可豆胚乳經過焙煎、粗磨而成。

用途

主要特徵是苦味不太強，但含有巧克力的香氣以及芳香酥脆的口感。可充當巧克力頂飾或夾在薄薄的杏仁瓦片(參照P84)裡。

也可混合在奶油蛋糕或者沙布雷等的糕點中使用。

杏仁糖

原料

使用杏仁和砂糖做成焦糖，再打碎成細粒狀。

用途

利用堅果和焦糖的香氣以及酥脆的口感，撒或沾黏在糕點上增加口感。

小麥脆片

原料

用麵粉、砂糖、油份等製作沙布雷麵糊，再烤成薄薄的脆片。

用途

當作裝飾時是沾黏在糕點的周圍。糕點要塗層鏡面巧克力，或沾裹鮮奶油，才容易附著。

也可和巧克力或核桃糖混合，當作糕點或巧克力軟糖的夾心餡料。以輕盈的酥脆口感為特徵。

自家製作具備口感的裝飾

杏仁瓦片

亦即烤成薄片的杏仁酥餅。由於奶油和水份多，粉量少，所以烤到沸騰狀態時會呈現蜂巢形狀。是焦糖狀，酥脆又芳香的新潮糕點飾品。

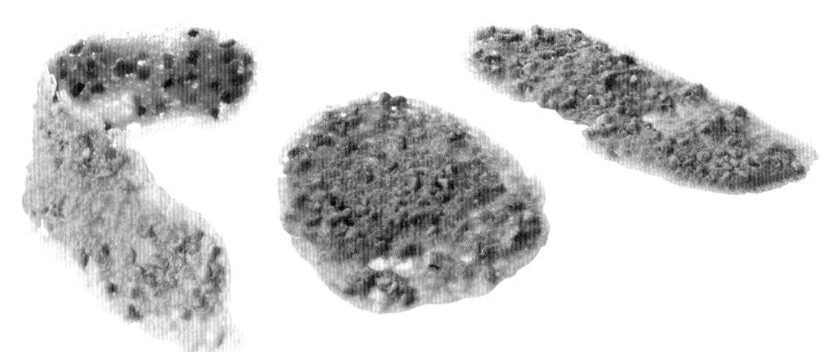

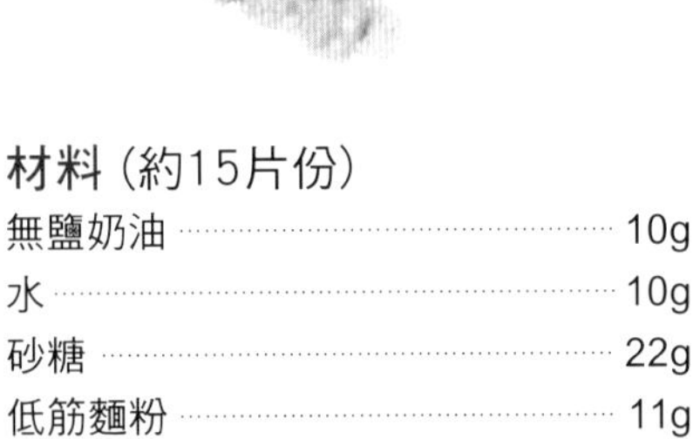

材料（約15片份）

無鹽奶油	10g
水	10g
砂糖	22g
低筋麵粉	11g
(麵糊時使用低筋麵粉9g，可可粉2g)	
杏仁粒	10g

1 溶解無鹽奶油，依序加入水、砂糖和過篩的低筋麵粉，用打蛋器攪拌。再加杏仁粒混勻。

2 用湯匙舀出適量，滴落在烤箱紙上，抹開到有些透明的薄層狀即可。

3 放進180度的烤箱烤約8~9分鐘。

4 剛烤好時會軟軟的，但很快就會變脆。剝成適當大小來裝飾。也可趁還軟時，放入圓筒模具等，做成捲曲狀。

杏仁瓦片的變化型

改用可可麵糊來製作，也可用可可粒或芝麻來取代杏仁粒。

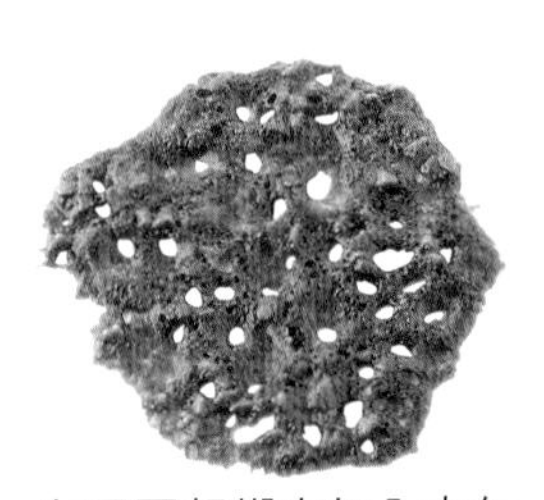

在可可麵糊中加入杏仁粒。也可加入切碎的其他堅果。

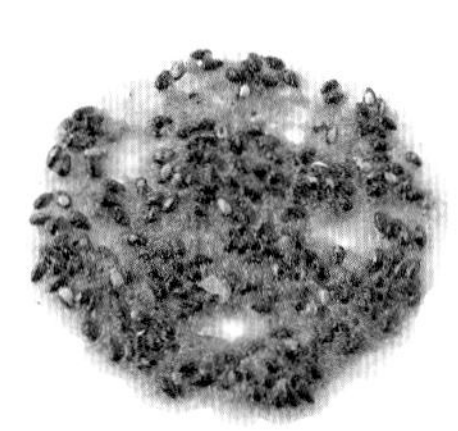

加入黑芝麻。直接當作烤餅來吃。

在可可麵糊中加入可可粒。成為有個性的點心。

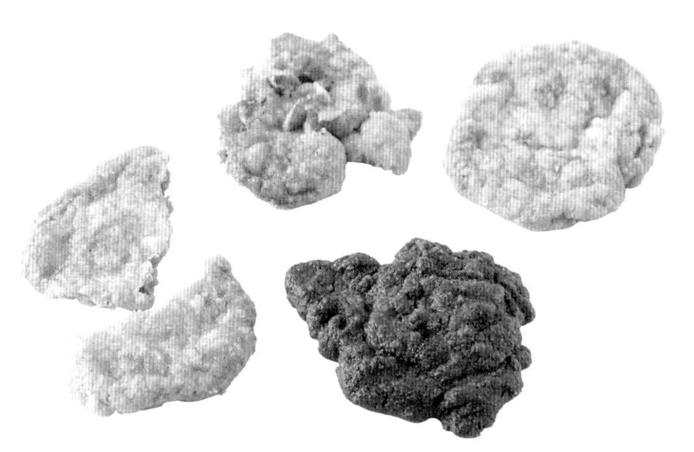

糖酥頂飾

把鬆散狀的沙布雷麵糊烤成隨性的造型。以酥脆的口感和量感為特徵。

原本是很少直接拿出來烘烤，多半擺放在塔或烤製糕點上當作頂飾，但是現在也當成裝飾素材來活用。

不適合搭配屬於口味淡的輕盈點心，但是和濃郁厚重的糕點卻是十分對味。

1 無鹽奶油用打蛋器打成克林姆狀。加糖粉攪勻，再加入杏仁粉、過篩的低筋麵粉，用橡皮刮刀以切拌方式拌到無乾粉為止。連同容器放入冷藏庫靜置30分鐘。

2 麵糊變硬之後，用叉子搗成鬆散狀。

材料

無鹽奶油……20g
糖粉……15g
杏仁粉……5g
低筋麵粉……20g(可可麵糊時使用低筋麵粉15g，可可粉5g)

3 用手指捏出一些麵糊放在烤箱紙上。

4 放進180度的烤箱烤約10分鐘，確實烤熟到有焦色程度。

糖酥頂飾的變化型

改用可可麵糊來製作，或混合香辛料、切碎的堅果。

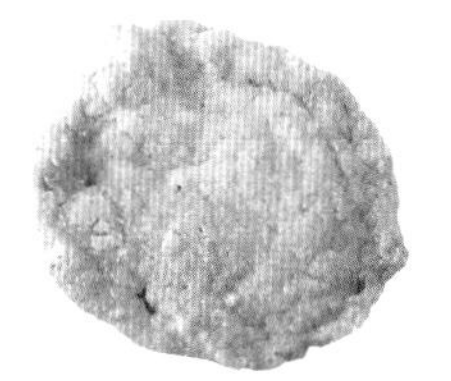

原味。這是基本。

加入香辛料。
除了肉桂外，
還可加肉豆蔻。

加核桃。也可加切碎的杏仁或美洲山核桃。

加可可粉。
烤成後更芳香。

脆糖杏仁粒

這是在杏仁粒上裹糖衣，炒出香氣而成。

先熬煮糖漿，然後裹在杏仁上，等其結晶變白後，再炒過。藉由炒的程度來變化香氣、顏色和口感。

砂糖放入小鍋，加水到全部砂糖都能吃到水的程度。開中火熬煮。沸騰至水分開始慢慢收乾時熄火。基準是115~118度左右。

馬上加入杏仁粒，用木刮刀充分拌勻。

繼續攪拌到粘稠的糖漿變成白色結晶狀裹在杏仁粒上。要保持鬆散狀繼續攪拌。

再度開中火，邊攪拌邊炒。漸漸會散發香氣，而且開始變色，炒到適合使用的程度。

倒在盤子或矽膠墊上。

材料

砂糖	30g
水	10cc
杏仁粉	30g

顏色的變化

藉由炒的程度，製作從白色到焦茶色等種種變化。

只是糖化的顏色。
缺乏香氣。

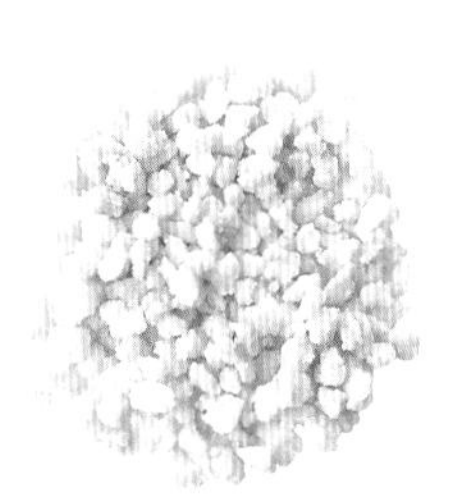

稍微炒到開始散發香氣時的顏色，有恰到好處的口感和風味。

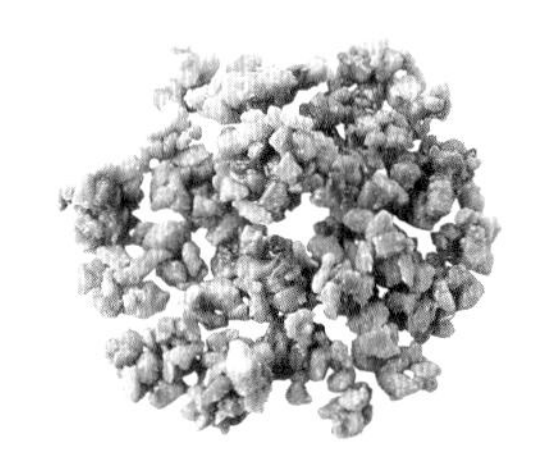

繼續炒到焦糖色。適合用在咖啡、糖煮水果、焦糖風味等的糕點。

焦糖

材料

砂糖 60g
水 20cc

熬煮砂糖，以喜歡的顏色和形狀加以凝固，做成像糖飴般的飾品。

靠熬煮的程度來形成從淡金黃色到濃焦色等種種色彩。是具有透明感的美麗裝飾品。

為了能確實嚐到其香香脆脆的口感，必須在食用前才裝飾在糕點上。

1 砂糖放入小鍋裡，加水到全部砂糖都能吃到水的程度。開中火煮到周圍開始變色之後，輕晃鍋子，讓全體顏色一致。煮到適當的顏色後熄火，鍋底輕輕沾水，靠餘溫變出漂亮的顏色。

2 以細線狀地流入矽膠墊上，做成喜歡的大小、形狀。冷卻後即會馬上凝固。

3 完全放涼後，避免附著指紋下，從矽膠墊上剝離當作裝飾。剩餘的可再次開火煮成更濃色彩，同法製作飾品。

矽膠墊

是使用玻璃纖維製造的厚質墊子。不怕冷凍或烤箱熱度，製作糖飴或巧克力等細工點心時十分方便。由於置放在作業台上穩定不晃動，所以我在用桿麵棍桿麵團時也常使用。

製作焦糖飾品時也很便利，但沒有矽膠墊時，利用用完即丟的烘焙紙也無妨。

大小種類繁多，請選擇方便使用的種類。

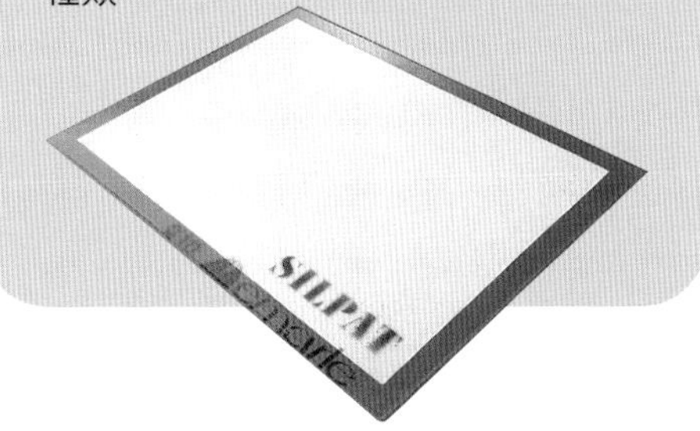

焦糖的變化型

在倒入矽膠墊之前，可以加入杏仁粒或可可粒等粒狀物。

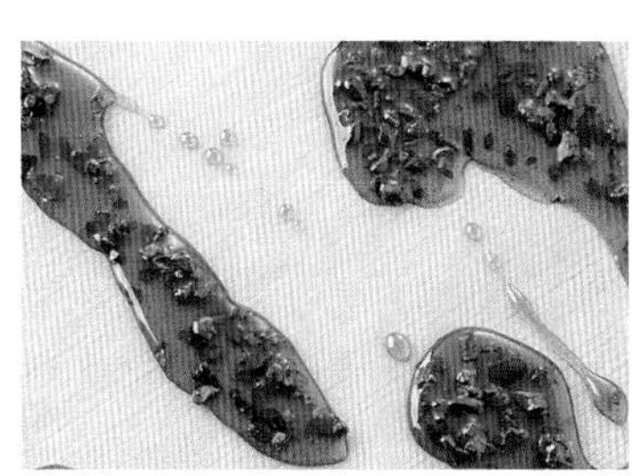

加入可可粒。希望更薄片時，在倒入矽膠墊後馬上連同矽膠墊傾斜輕輕搖晃，讓焦糖延伸變薄即可。

儘量重現曾在德國吃過
且充滿感動的法蘭克福王冠塔。
能品嚐到多彩維也納蛋糕
和酥脆的脆糖杏仁粒兩種截然不同的口感。
裝飾焦糖，呈現「德國太陽」的感覺。

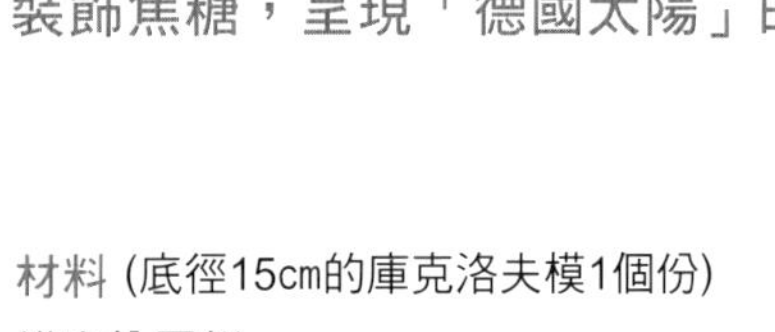

材料 (底徑15㎝的庫克洛夫模1個份)

維也納蛋糕

- 全蛋……80g
- 砂糖……40g
- 低筋麵粉……28g
- 浮粉(麵粉中澱粉的精製品)(可用麵粉的澱粉或玉米粉代替)……28g
- 磨泥的檸檬皮……1/3個
- 香草油……少許
- 無鹽奶油……15g

奶油克林姆

- 蛋黃……1/2個
- 砂糖……50g
- 牛奶……55g
- 無鹽奶油……80g

覆盆子果醬……20g

脆糖杏仁粒
(參照P86製作備用)

- 杏仁粒……30g
- 砂糖……30g
- 水……10g

裝飾

- 裝飾用糖粉……適量
- 焦糖(參照P87)……適量

作法

1 烤維也納蛋糕。全蛋中加入砂糖，隔水加熱到40度左右，邊加溫邊用打蛋器攪拌。

2 改用手提攪拌器打發起泡。直到變白舀起會如緞帶般滴落的結實打發程度。

3 加入混合過篩的低筋麵粉和浮粉。用橡皮刮刀混合到有光澤又濃稠。

4 加入檸檬皮、香草油。接著再加入用微波溶解的無鹽奶油，混合攪拌均勻。

5 模具裡先塗抹溶解的奶油(份量外)，冰涼凝固後再撒低筋麵粉(份量外)，並拍落多餘的粉。

6 烤蛋糕，放進180度的烤箱烤約20分鐘。從模具取出，直接放涼。

7 製作奶油克林姆。參照94頁製作奶凍的安格列茲醬。但這裏不加明膠粉。熄火後連同容器墊在冰水中冰涼。

8 把無鹽奶油打成克林姆狀，再慢慢加入安格列茲醬混合。由於容易分離，所以要一點一點地加入才行。

9 將放涼的維也納蛋糕切成3片。

10 下層沾裹奶油克林姆。

11 把裝入覆盆子果醬的塑膠製擠花袋剪一小洞。在奶油克林姆上擠入2圈(**圖1**)。以此當夾心覆蓋中層的維也納蛋糕。

12 反覆進行**10**和**11**的步驟，疊成3層。把剩餘的奶油克林姆以覆蓋般全面沾裹(**圖2**)。

13 在奶油克林姆上沾黏多量的脆糖杏仁粒(**圖3**)。

14 最後是撒裝飾用的糖粉。製作焦糖飾品(參照P87)，剝成適當大小插入裝飾。

讓切片時的每個切口都能顯露紅色果醬的方式擠入。

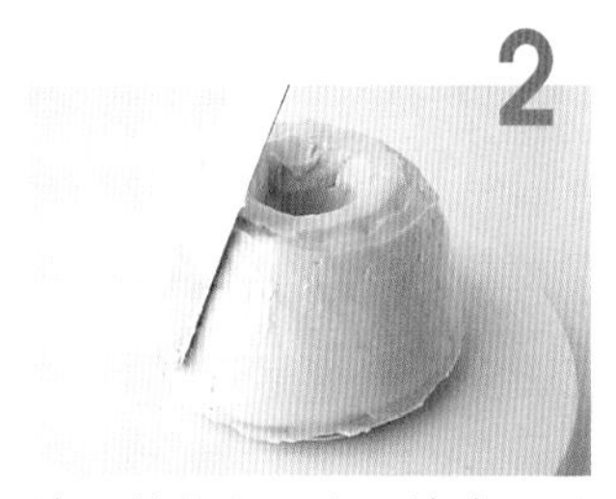

連環狀的內側也要沾裹。以安格列茲醬為基底的克林姆入口即化，十分好吃。

全面沾黏脆糖杏仁粒時，要輕輕壓擠才能密貼。

庫克洛夫模。主要用在烤製糕點。有陶製品或鐵弗龍加工品等種類繁多。圖片是鍍鉻加工品，只要塗抹奶油就能輕鬆脫模。其他材質的模具則需再撒粉做成2層塗層才方便脫模。

裹上脆糖杏仁粒，裝飾焦糖

太陽 D.sol

沾裹鏡面巧克力，裝飾可可瓦片

隨想曲 Caprice C

巧克力鮮奶油的塔裡混合著柑橘類。
能同時享受到滑潤巧克力鮮奶油的口感，
以及柳橙、伊予柑、金桔各不相同的酸味和香氣。

材料 (底面直徑5.5cm、高2cm的塔模4個份)

塔皮麵團
- 無鹽奶油 …… 35g
- 糖粉 …… 25g
- 蛋黃 …… 20g
- 香草油 …… 少許
- 低筋麵粉 …… 60g

聖法利內巧克力餅乾
- 蛋白 …… 1個
- 砂糖 …… 30g
- 蛋黃 …… 1個
- 可可粉 …… 13g

切碎的柳橙皮 …… 30g

巧克力鮮奶油
- 牛奶巧克力 …… 60g
- 鮮奶油 …… 50g

可可瓦片(參照P84製作備用)
- 無鹽奶油 …… 10g
- 水 …… 10g
- 砂糖 …… 22g
- 低筋麵粉 …… 9g
- 可可粉 …… 2g
- 可可粒 …… 10g

裝飾
- 鏡子型的鏡面巧克力(參照P55) …… 適量
- 糖漿煮金桔(市售)、伊予柑的皮(市售，或用柳橙皮代替)、切碎的開心果 …… 各適量

作法

1 參照28頁「藍莓塔」的步驟1~4素烤塔皮麵團。
2 參照94頁製作聖法利內巧克力餅乾麵糊。把麵糊鋪在烤箱紙上，再用抹刀抹開成20×24cm、5mm厚。
3 然後連同烤箱紙擺在烤盤上，放進200度的烤箱烤約7~8分鐘。烤好後，從烤盤取出，上面覆蓋烤箱紙防範乾燥下放涼。
4 用4.5cm的圓形模壓型，鋪在素烤的塔皮麵團底部。平坦擺放切碎的柳橙皮(**圖1**)。
5 用牛奶巧克力製作巧克力鮮奶油(參照P54)。平坦流入**4**中，放入冷藏庫冰涼、凝固(**圖2**)。
6 沾裹鏡面巧克力(**圖3**)。
7 可可瓦片剝成適當大小，刺入裝飾(**圖4**)。點綴金桔、伊予柑和切碎的開心果。

在素烤的塔中鋪餅乾，具有調節巧克力鮮奶油的量，以及防潮的作用。

因為甜味巧克力會壓過柳橙皮的風味，所以使用風味較柔和的牛奶巧克力做的巧克力鮮奶油來當餡料。

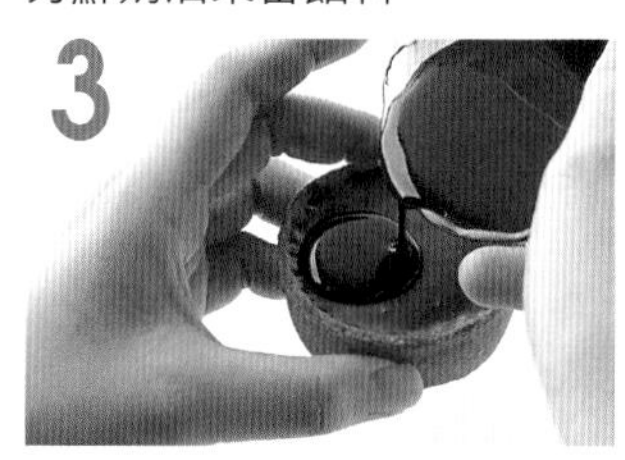

如果太稀會流落，要注意。

改變大小，做出變化感。並在食用前才裝飾。

在含藍紋乳酪的極品乳酪上，
裝飾搭配性超群的洋梨。
側邊還貼著口感和克林姆呈現對比的糖酥頂飾，
讓品嚐的過程充滿變化。

材料 (一邊3cm的六角形空心模4個份)

法式拇指餅乾

- 蛋白 ……… 1個
- 砂糖 ……… 30g
- 蛋黃 ……… 1個
- 牛奶 ……… 5g
- 低筋麵粉 ……… 30g

法式奶油乳酪

- 奶油乳酪 ……… 100g
- 藍紋乳酪
- (這裡是使用stilton cheese) ……… 25g
- 砂糖 ……… 20g
- 牛奶 ……… 30g
- 明膠粉 ……… 3g
- 水 ……… 15g
- 鮮奶油 ……… 80g

洋梨(罐頭，切丁塊用紙充分擦乾水分) ……… 半個

糖酥頂飾

- 奶油 ……… 20g
- 糖粉 ……… 15g
- 低筋麵粉 ……… 20g
- 杏仁粉 ……… 5g
- 核桃(切碎) ……… 10g

裝飾

- 鮮奶油(裝飾用) ……… 60g
- 洋梨(罐頭、裝飾用) ……… 切兩半的4個
- 鏡面果膠 ……… 適量
- 小茴香、冷凍紅醋栗 ……… 各適量

作法

1. 參照94頁製作法式拇指餅乾麵糊。在此是把牛奶和蛋黃一起加入。
2. 把麵糊鋪在烤箱紙上，用抹刀抹開成20×22cm大小。
3. 連同烤箱紙擺在烤盤上，放進190度的烤箱烤約8~9分鐘。烤好後，從烤盤取出，上面覆蓋烤箱紙防範乾燥下放涼。
4. 以底用的六角形模，以及小1號的六角形模各壓出4個。
5. 製作法式奶油乳酪。奶油乳酪用打蛋器攪拌變軟，接著加入末的藍紋乳酪，加入砂糖， 在一點一點地加入牛奶。
6. 加入用水泡軟後再微波溶解的明膠混合。接著加鮮奶油(以液體狀態直接使用)拌勻。
7. 模具底部鋪底用餅乾，倒入半量的法式奶油乳酪。
8. 撒入切丁的洋梨。擺放中層用的餅乾，輕輕壓擠。再倒入剩餘的法式奶油乳酪，放進冷藏庫冰涼、凝固。
9. 參照85頁烤糖酥頂飾。在此是加核桃製作。
10. 把結實打發起泡的鮮奶油，用13mm的圓形擠花嘴擠成拱形狀(**圖1**)。
11. 洋梨切片並排，用紙充分擦乾水分。再使用噴火槍輕燒。然後貼在鮮奶油上面(**圖2**、**3**)。
12. 擠出鏡面果膠，用毛刷刷開(參照P11)，點綴小茴香、紅醋栗。
13. 側邊貼上糖酥頂飾(**圖4**)。

有如roquefort般味道較強烈的藍紋乳酪，但英國製的stilton或corconzola的乳酪風味較柔和，多使用在糕點上。混合奶油乳酪是為了使味道更順口，所以可依喜好調節份量。也可添加核桃、蜂蜜。

從模具取出，在正中央擠出半球形。鮮奶油若太稀軟容易變形，必須注意。

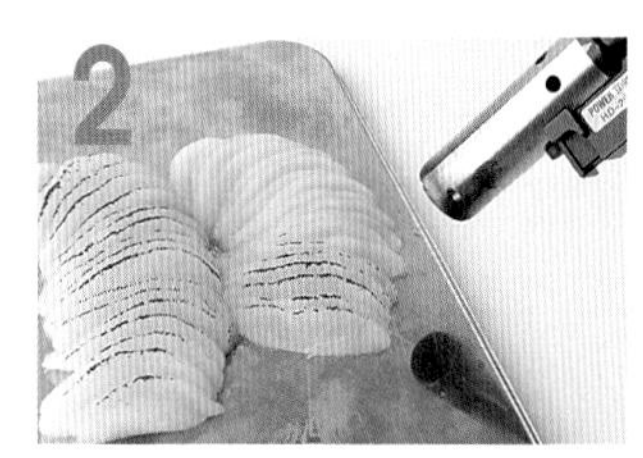

儘量切薄片，把稜角燒出焦色。但若不擦乾水分，即無法燒出美麗焦色。

一片一片仔細重疊。切片時要調節成適當大小。

貼上和藍紋乳酪絕配的核桃糖酥頂飾。

A 難易度

貼上含有核桃的糖酥頂飾

教堂

Kirke

奶凍(bavarois)的安格列茲醬

材料（份量參照各配方）
蛋黃
砂糖
牛奶
明膠粉
水

作法
1 蛋黃和半量的砂糖用打蛋器擦底攪拌。
2 把剩餘的砂糖和牛奶放入鍋裡煮沸，熄火。
3 在1中加入1/3量的牛奶，用打蛋器攪拌均勻，然後全部倒回2的鍋裡。整體攪拌均勻。
4 開小火，使用耐熱的橡皮刮刀，邊從鍋底攪拌邊加熱。加熱到滑潤狀態。基準約81度。若加熱過度，蛋就會凝固而產生氣泡，要特別的注意。
5 熄火，馬上加入用水泡軟的明膠，靠餘溫溶解。
6 參照各種配方，放涼到濃稠狀。

法式拇指餅乾

材料
蛋白……1個
砂糖……30g
蛋黃……1個
低筋麵粉……30g

作法
1 蛋白用手提攪拌器打發起泡。打到產生量感，並會殘存攪拌棒痕跡的濃稠度後，分兩次加入砂糖，繼續打發成結實的蛋白霜。
2 加入蛋黃，用打蛋器輕輕攪拌。
3 加入過篩的低筋麵粉，用橡皮刮刀以切拌方式仔細輕輕地邊轉動容器，邊大幅度混合。混合到看不見乾粉即可結束。有若干結塊狀態也無妨。
4 參照各配方烘烤。

西點克林姆

材料
蛋黃……1個
砂糖……30g
低筋麵粉……8g
牛奶……125g

作法
1 蛋黃和半量的砂糖用打蛋器擦底攪拌。接著加入過篩的低筋麵粉。
2 把剩餘的砂糖和牛奶放入鍋裡煮沸，熄火。
3 在1中加入1/3量的牛奶，用打蛋器攪拌均勻，然後全部倒回2的鍋裡。整體攪拌均勻。
4 開中~強火，一口氣加熱。一開始容易燒焦、結塊，所以要用耐熱的橡皮刮刀從鍋底邊攪拌邊加熱。沸騰到克林姆狀後，改以避免燒焦的程度緩慢攪拌。直到粘度降低、感覺較輕盈時就熄火。
5 倒入較大的容器，貼著表面覆蓋保鮮膜。把容器墊在冰水中，加速冷卻。

塔皮麵團

材料
無鹽奶油……35g
糖粉……25g
蛋黃……20g
香草油……少許
低筋麵粉……60g

作法
1 無鹽奶油恢復室溫，用打蛋器攪拌成濃稠狀。
2 加入糖粉，混合。只要拌合不需要打發起泡。
3 依序加入蛋黃、香草油，混合。
4 加入過篩的低筋麵粉，用橡皮刮刀切拌混合。把麵團聚成一團，裝入塑膠袋，壓平。
5 放進冷藏庫，靜置1小時以上。

法式巧克力拇指餅乾

材料（份量參照各配方）
蛋白
砂糖
蛋黃
低筋麵粉
可可粉

作法
1 蛋白用手提攪拌器打發起泡。打到產生量感，並會殘存攪拌棒痕跡的濃稠度後，分兩次加入砂糖，繼續打發成結實的蛋白霜。
2 加入蛋黃，用打蛋器輕輕攪拌。
3 加入過篩的低筋麵粉和可可粉，用橡皮刮刀以切拌方式仔細輕輕地邊轉動容器，邊大幅度混合。混合到看不見乾粉即可結束。有若干結塊狀態也無妨。
4 參照各配方烘烤。

聖法利內巧克力餅乾

材料
蛋白……1個
砂糖……30g
蛋黃……1個
可可粉……13g

作法
1 蛋白放入容器，用手提攪拌器打發起泡。直到有些量感後，把砂糖分2次加入繼續打發起泡成結實的蛋白霜。
2 加入蛋黃，用打蛋器輕輕混合。
3 加入過篩的可可粉，用橡皮刮刀以切拌方式仔細輕輕地邊轉動容器，邊大幅度混合。混合到幾乎看不見乾粉才結束。
4 參照各配方烘烤。

杏仁海綿蛋糕

材料
全蛋……35g
糖粉……25g
杏仁粉……25g
蛋白……50g
砂糖……30g
低筋麵粉……22g

作法
1 全蛋、糖粉和杏仁粉放入容器，用手提攪拌器以低速打發起泡。打發到變白而且會產生量感的程度。
2 蛋白放入另一個容器中，用手提攪拌器打發起泡。稍微出現量感之後，就把砂糖分2次加入，繼續打發起泡成濃稠的蛋白霜。這裡要早一些加入砂糖，避免做成像軟糖般結實的蛋白霜。
3 把半量的蛋白霜加入1中，用打蛋器輕輕攪勻。
4 加入過篩的低筋麵粉，用橡皮刮刀攪拌到完全無乾粉狀態。
5 加入剩餘的蛋白霜，以切拌方式仔細輕輕地邊轉動容器，邊大幅度混合。混合到整體均勻沒有結塊的狀態。
6 參照各配方烘烤。

炸彈麵糊

材料（份量參照各配方）
砂糖
水
蛋黃

作法
1 把砂糖和水放入鍋裡煮沸。
2 把1一點一點地加到打散的蛋黃中，邊用攪拌器攪拌均勻。
3 以隔水加熱的方式，邊加熱邊用打蛋器攪拌。打發起泡到變白又產生量感為止。

後記

西西里 (Sicilia)

呈現豐富色彩的西西里糕點。原色的水果引人注目。

有什麼感想呢？是否認為原本棘手的裝飾技巧，現在卻有「原來如此，我也能做得這麼漂亮！」的不同想法呢？

每當我撥空前往海外旅行時，無論去到哪裡，我必定會去瀏覽糕點店的櫥窗。雖然是為了製作各種風味，然而裝飾手法上卻流露著各個國家的獨特風格。像大膽使用顏色的西西里糕點，傳統、規矩的法蘭克福糕點，相似日本糕點的台北精緻糕點…。

台灣 (Taiwan)

和日本裝飾手法幾乎一樣的台灣西點。草莓蛋糕也一樣高人氣。

猶如繪畫，糕點風味和裝飾也都能充分展現個人色彩。所以，即使一開始無法馬上成為高手，但我認為只要能樂於製作糕點，提供家人、朋友一起歡度喝茶時間，那就是最大的幸福了。而且，總有一天會創作出媲美法國糕點師的精美糕點。

從嗜好開始從事糕點製作的我，在20歲左右就有「著書」的夢想，現在總算達成了。

在這過程中，很幸運地我能在第一次研習中接受「聖路易島」的遠藤廚師教導糕點的基本，又從「LEGION」的藤卷廚師身上學到自由構想的樂趣，從「高木糕點店」的高木廚師身上學會製作漂亮糕點的技巧，因此才能造就現今的我，真的非常感激他們。

同時，也要由衷感謝協助我的同仁們，過去即使是我的失敗作品，也不嫌棄品嚐的家人，以及幫忙拍攝美麗圖片的難波攝影師。

最後，期盼本書對立志成為法國糕點師的你能有所幫助！

德國 (Germany)

中規中矩的德國傳統糕點。日本的蛋糕也從這裡受益良多。

TITLE

蛋糕彩妝師：8種蛋糕裝飾技巧

STAFF

出版　瑞昇文化事業股份有限公司
作者　熊谷裕子
譯者　楊鴻儒

總編輯　郭湘齡
責任編輯　陳昱秀
文字編輯　謝淑媛　王瓊苹
美術編輯　朱哲宏
排版　六甲印刷有限公司
製版　明宏彩色照相製版股份有限公司
印刷　皇甫彩藝印刷股份有限公司
法律顧問　經兆國際法律事務所　黃沛聲律師

代理發行　瑞昇文化事業股份有限公司
地址　新北市中和區景平路464巷2弄1-4號
電話　(02)2945-3191
傳真　(02)2945-3190
網址　www.rising-books.com.tw
e-Mail　resing@ms34.hinet.net

劃撥帳號　19598343
戶名　瑞昇文化事業股份有限公司

本版日期　2013年11月
定價　300元

國家圖書館出版品預行編目資料

蛋糕彩妝師：8種蛋糕裝飾技巧=Make up for cake／
熊谷裕子作；楊鴻儒譯. -- 初版.-- 台北縣中和市：
瑞昇文化, 2007.11
96面；20×25.7公分

ISBN 978-957-526-708-7（平裝）

1.點心食譜

420.26　96019377

國內著作權保障，請勿翻印／如有破損或裝訂錯誤請寄回更換
DECORATION TECHNIQUE
© YUKO KUMAYA 2006
Originally published in Japan in 2006 by ASAHIYA SHUPPAN CO., LTD..
Chinese translation rights arranged through DAIKOUSHA INC., KAWAGOE.